黄朝晖　编著

产品设计
手绘表现技法

清華大学出版社
·北京·

内 容 简 介

本书是编著者依据多年产品设计手绘技法教学的探索与经验总结出的一套对提高产品设计手绘技法相对有效的方法。全书共包括5章，分别是产品设计手绘表现基础、产品设计手绘表现基础形体训练、产品设计手绘表现技法进阶训练、手绘技法在设计中的综合应用和优秀学生作品欣赏。本书按照手绘训练由易到难的过程进行讲解，并结合了产品手绘案例的详细步骤，展示了产品设计手绘表达的基本流程和常用技巧。

本书可作为高等院校产品设计和工业设计专业的教学用书，也可作为广大手绘爱好者的自学参考书。

图书在版编目（CIP）数据

产品设计手绘表现技法/黄朝晖编著．—北京：清华大学出版社，2022.3（2025.1重印）
ISBN 978-7-302-60254-5

Ⅰ．①产…　Ⅱ．①黄…　Ⅲ．①产品设计—绘画技法　Ⅳ．①TB472

中国版本图书馆CIP数据核字(2022)第033326号

责任编辑：张龙卿
封面设计：徐日强
责任校对：袁　芳
责任印制：杨　艳

出版发行：清华大学出版社
网　　址：https://www.tup.com.cn，https://www.wqxuetang.com
地　　址：北京清华大学学研大厦A座　　**邮　　编**：100084
社 总 机：010-83470000　　**邮　　购**：010-62786544
投稿与读者服务：010-62776969，c-service@tup.tsinghua.edu.cn
质量反馈：010-62772015，zhiliang@tup.tsinghua.edu.cn
课件下载：https://www.tup.com.cn，010-83470410
印 装 者：三河市铭诚印务有限公司
经　　销：全国新华书店
开　　本：210mm×285mm　　**印　　张**：9.25　　**字　　数**：261千字
版　　次：2022年3月第1版　　**印　　次**：2025年1月第4次印刷
定　　价：69.00元

产品编号：085706-01

前　言

习近平总书记在党的“二十大”报告中指出：教育、科技、人才是全面建设社会主义现代化国家的基础性、战略性支撑；必须坚持科技是第一生产力、人才是第一资源、创新是第一动力；深入实施科教兴国战略、人才强国战略、创新驱动发展战略，这三大战略共同服务于创新型国家的建设。

目前，在新一轮科技革命和产业转型升级的背景下，工业设计作为产业核心竞争力的象征，在国家提出的《中国制造 2025》和《关于促进工业设计发展的若干指导意见》等一系列战略方针的指导下，加快对工业设计人才的培养已成为当务之急。

良好的沟通表达能力是优秀的工业设计师应具备的一项重要能力，即我们说的设计表现力。在设计中，设计表达的效果对设计有着不可忽视的影响作用。产品设计手绘作为设计师展现设计构思过程的一种方式，在快速表达产品的创意构思、形态、结构和材质等方面有着不可替代的作用。

要想快速学习并掌握产品设计手绘表现技法，一本好的教材是必不可少的。为方便广大设计爱好者的学习，使产品手绘技能得到有效地提升，本书依据产品手绘技能的学习规律，对书中的内容按照由易到难的顺序进行讲述。

全书共分为五章。第 1 章着重讲解产品设计手绘表现的基本知识，介绍了手绘的材料与常用工具的使用方法，让初学者从对线条的认识与练习开始，逐步学习和掌握产品设计手绘表达中的基本透视规律；第 2 章着重讲解基础形体的练习方法，从简单产品入手，分别介绍了产品的造型规律、常用材质的表现和产品草图绘制的方法；第 3 章按照进阶的学习方式，对设计手绘表现案例进行分步骤讲解，介绍了设计手绘表达的基本方法和常用技巧；第 4 章以快题设计的表达方法为背景，综合性地介绍了产品手绘技法的应用场景；第 5 章介绍如何欣赏优秀手绘作品，并将作品分为四类，供读者观摩学习。

本书是编著者多年设计实践和教学成果的总结，希望通过本书与设计教育界的同仁们加强交流。由于编著者撰写水平有限，本书所涵盖内容较广，不足之处在所难免，还希望相关专家和学者提出宝贵意见，以便使本书更加完善，为学习者提供更多的帮助。

编著者
2023 年 1 月

产品设计手绘表现技法

目 录

绪论 1

第 1 章 产品设计手绘表现基础 11

1.1 手绘材料和工具的使用介绍 …… 11
1.1.1 笔类工具 …… 11
1.1.2 纸类、尺类及其他工具 …… 14
1.2 对线条的认识与练习 …… 15
1.2.1 线条练习的重要性 …… 15
1.2.2 直线练习的技巧与方法 …… 15
1.2.3 曲线的练习技巧 …… 16
1.2.4 圆形与椭圆形的练习方法 …… 18
1.3 产品手绘表达中的基本透视规律 …… 19
1.3.1 一点透视 …… 20
1.3.2 两点透视 …… 20
1.3.3 三点透视 …… 22
1.3.4 圆形透视 …… 23
1.3.5 倒角和形体曲面的画法 …… 24
本章小结 …… 32

第 2 章 产品设计手绘表现基础形体训练 33

2.1 单色造型基础训练 …… 33
2.1.1 基本形体的训练 …… 33
2.1.2 单色产品的训练 …… 38
2.2 材质表现训练 …… 42
2.2.1 高反光材质的表现 …… 42
2.2.2 低反光材质的表现 …… 47
2.3 草图的表现技法 …… 57
2.3.1 线稿草图表现范例 …… 57

2.3.2 马克笔快速表现范例 …… 67
本章小结 …… 72
第 3 章 产品设计手绘表现技法进阶训练 73
3.1 初级阶段手绘表现训练 …… 73
3.1.1 吹风机的设计表现 …… 73
3.1.2 热风机的设计表现 …… 76
3.2 中级阶段手绘表现训练 …… 77
3.2.1 耳机的设计表现 …… 77
3.2.2 咖啡机的设计表现 …… 78
3.3 高级阶段手绘表现训练 …… 80
3.3.1 游戏手柄的设计表现 …… 80
3.3.2 手电筒的设计表现 …… 82
3.3.3 汽车的设计表现 …… 83
3.4 复杂产品手绘表现训练 …… 84
3.4.1 变形机甲的设计表现 …… 85
3.4.2 变形金刚的设计表现 …… 86
3.5 产品设计手绘表现技法要点 …… 88
本章小结 …… 94
第 4 章 手绘技法在设计中的综合应用 95
4.1 手绘技法在产品快题设计中的应用 …… 95
4.2 表达方法 …… 96
4.2.1 排版布局 …… 97
4.2.2 前期设想 …… 98
4.2.3 使用场景图 …… 100
4.2.4 标题 …… 101
4.2.5 指示箭头 …… 102
4.2.6 爆炸图 …… 104

产品设计手绘表现技法

4.2.7 背景图 105
4.2.8 细节图 105
4.2.9 辅助示意图 106
本章小结 116

第5章 优秀学生作品欣赏 117

5.1 机器人类 117
5.2 交通工具类 124
5.3 兵器类 129
5.4 仿生类 132

参考文献 137

后记 138

绪 论

1. 工业设计与产品手绘表现技法

20 世纪 80 年代，产品手绘表现技法作为工业设计专业基础课程之一，随着工业设计专业在国内的建立，也一同被纳入该学科的教学体系中。四十余年来，这门专业技法课程一直在工业设计教学体系中发挥着重要的、不可替代的作用，为我国产品设计专业的学生和从业者提供了极大的帮助。

在现代产品设计开发过程中，设计表现通常是以一种直观的视觉语言的方式贯穿于设计由概念到可视化方案形成的整个流程中，这也是设计由一个抽象化的概念向可视化形态演变的过程：从前期的设计思维与分析解读，到设计概念的初步构思，再到设计方案的逐步推演，直至设计方案的最终确立。（图 0-1）

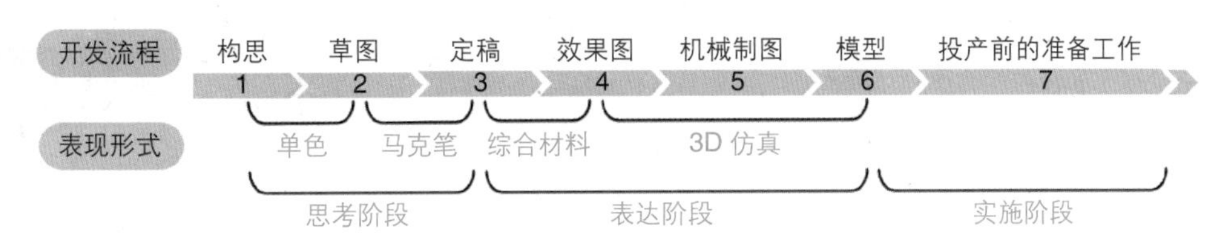

图 0-1 表现技法在产品设计中的应用

作为一种信息传递与转换的媒介工具，在创意思维转化为产品形态的过程中，人们通常会运用手绘这一表现形式，对设计概念进行思考、推敲直至以视觉化的表达方式确定下来。当然，在不同的阶段有不同的表达方式。

（1）构思阶段：这是一个根据客观条件和具体问题而寻找各种解决方法的思考阶段，它包含用户研究（图 0-2）、用户分析（图 0-3）和设计创意（图 0-4）三部分的内容。在这个阶段，设计师通常会用单色线稿的形式（图 0-5）来表达最初的想法。

图 0-2 用户研究

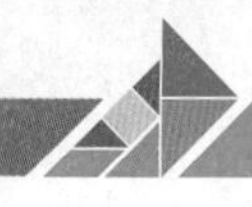

·用户旅程图

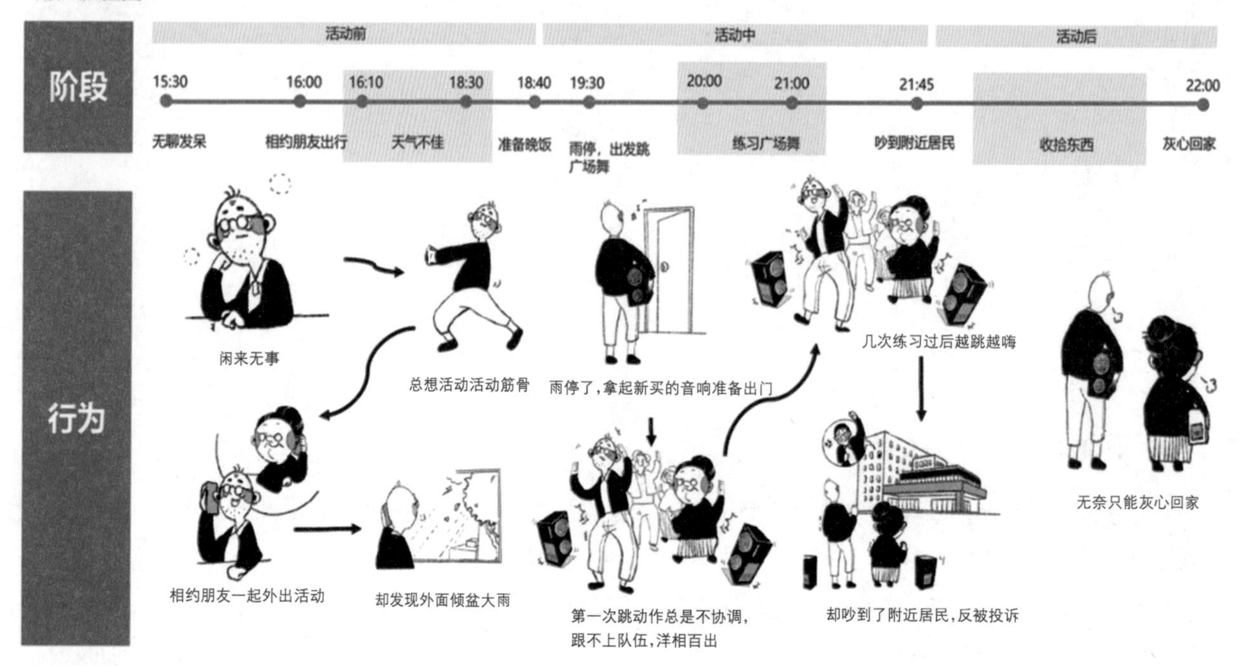

图 0-3　用户分析

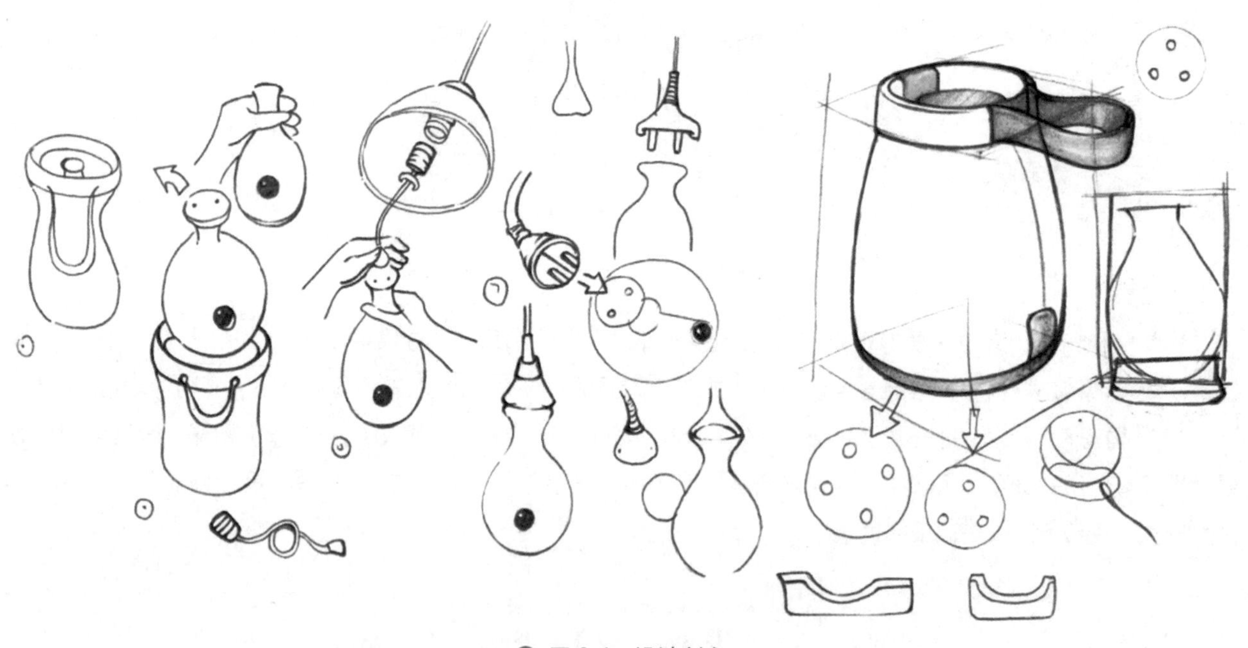

图 0-4　设计创意

（2）草图阶段：这是一个将思考转化为概念设计的阶段。它需要运用 ID（文字或图）、结构素描、速写等多种形式相结合的方式将前期思考的初步解决方案表达出来。（图 0-6）

（3）定稿阶段：这是一个对多种方案进行反复思考的阶段。在设计过程中，设计师将从所绘的这些草图中选定其中一种较为合适的方案进行深入的细节设计。（图 0-7）

（4）效果图阶段：这不仅是一个尽可能真实地反映设计的形态与结构细节的阶段，也是对设计进一步推敲的阶段（图 0-8），表达方式近似于用人类的语言进行说明、说服等，是产品细节定型的重要表达的阶段。通常会通过手绘效果图或三维效果图的方式进行表达。

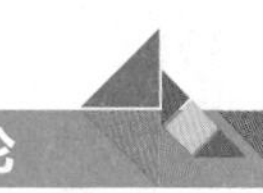

图 0-5 单色线稿概念图

图 0-6 概念草图的多种表现形式

图 0-7　产品手绘表现（高志强）

图 0-8　设计细节推敲

（5）后面三个阶段为产品设计的工程设计与实施阶段。

由以上各个阶段可以清楚地了解产品设计手绘表现作为一种专业技能，具有较强的技巧性。它可以让我们更高效地将设计意图表达出来。优秀的设计手绘表现图能够让设计具有更强的艺术感染力、表现力和设计的可操作性，可以将好的设计创意准确地传达出来。

所以，“产品设计手绘表现技法”不仅是产品设计专业的必修基础课程之一及产品设计教学中提高学生专业素养的第一道门槛，而且是产品设计师必备的职业技能及工业设计研究生升学考试的重要科目之一，另外，也是培养学生较为扎实的基础能力的重要课程。

为此，本书不仅面向产品设计专业的学生，同时也为其他设计爱好者提供了一个交流、学习的机会。

2．产品手绘表现图的分类

产品设计手绘表现图从色彩表现上大体可分为单色和彩色两种表现形式（图 0-9 和图 0-10）。线稿通常侧重于对产品形体与结构关系的推敲与表达（图 0-11），色稿则偏重于对产品色彩与材质关系的表达（图 0-12）。但不论是单色表现图还是彩色表现图，都需要将产品的主要概念、结构、材质和形体等一些必不可少的基本要素准确地表达出来，让产品看起来更加具有美感和真实感。

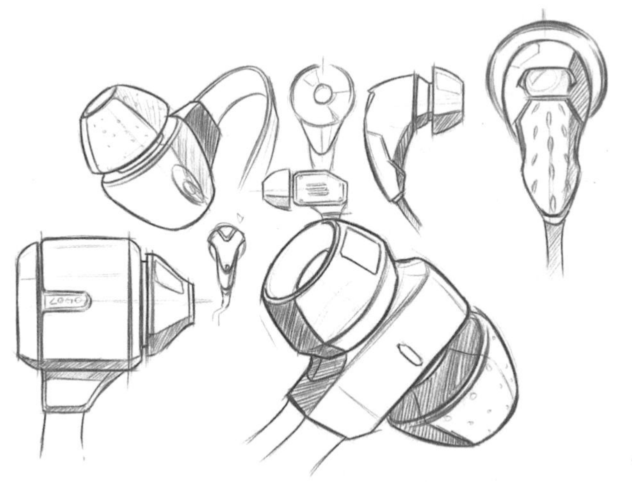

图 0-9 产品的线稿表现图（刘顺）

图 0-10 产品的色稿表现图（刘顺）

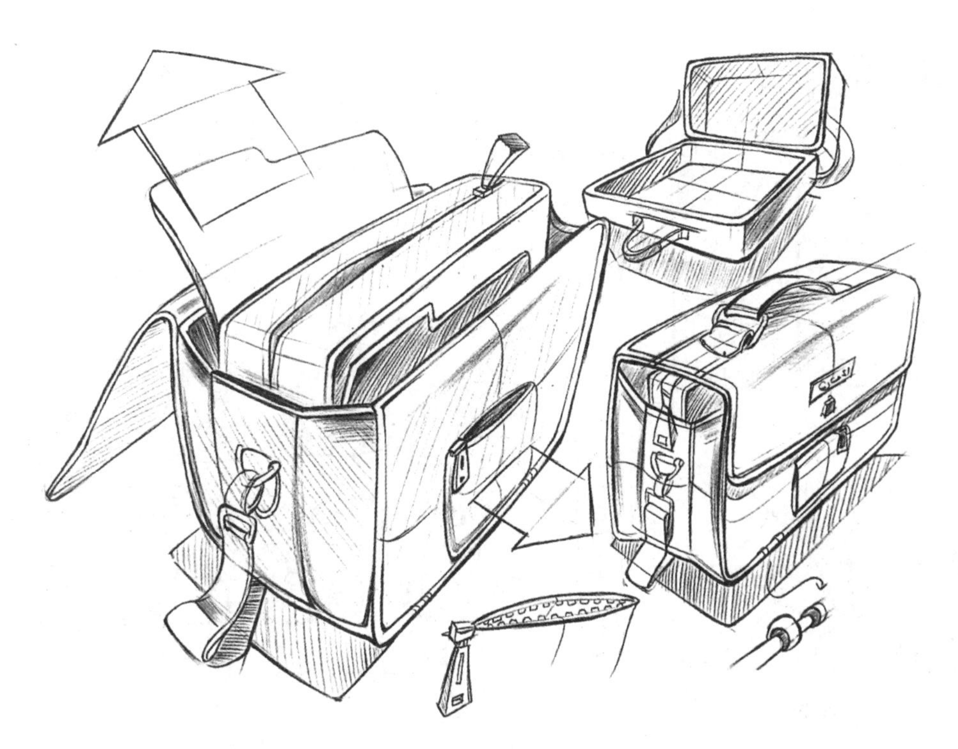

图 0-11 产品形体与结构关系的推敲与表达

图 0-12　产品的色彩表现图（杨艺）

3．设计思维与手绘表现的关系

在现代产品设计创意过程中，设计思维与设计手绘是密不可分的。产品设计手绘不仅是设计思维的表达工具，也是设计思维的探索工具，能有效地提高工作效率。在运用设计思维进行产品设计的过程中，产品手绘表现具有以下的特征。

首先，产品设计手绘表现的快速性是传达信息的高效工具。现代产品市场竞争非常激烈，设计师为了更好地传达信息，需要将好的创意和发明借助某种途径传达出来，缩短产品的开发周期。通常来说，应用产品设计手绘的方式能够使设计师更快地了解到设计概念，能有效地传达给团队成员并进行讨论。

例如，设计师在一个项目开发过程中需要向客户汇报成果，与结构工程师沟通技术难题，与团队其他成员分享创意方案，这些都是设计创意信息传达的过程，都需要互相沟通彼此的想法，或者是把客户的建议立刻记录下来并以图形的方式表达出来，这样，快速的手绘技巧便成为了非常重要的手段。（图 0-13）

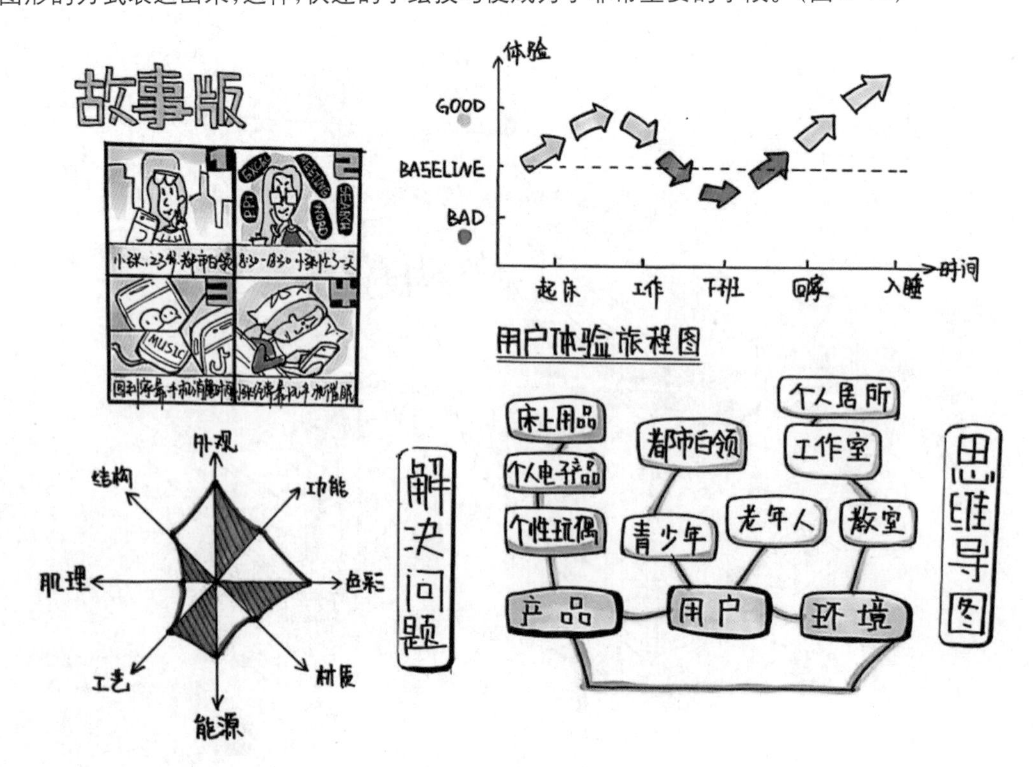

图 0-13　设计沟通图

其次，产品设计手绘表现具有保真性的特点。在设计思维的不同阶段，手绘技法的表达方式也是不一样的，它不仅可以详细地绘制产品的功能、技术信息和基本结构等，还将产品的形态、结构、色彩、材质与表面处理等信息特征较为真实地表现出来，同时还可以更多地使用场景化、文字化的内容来整理信息，甚至包括用户的行为活动、使用流程等，从而更好地应用于后期的产品原型制作。（图 0-14）

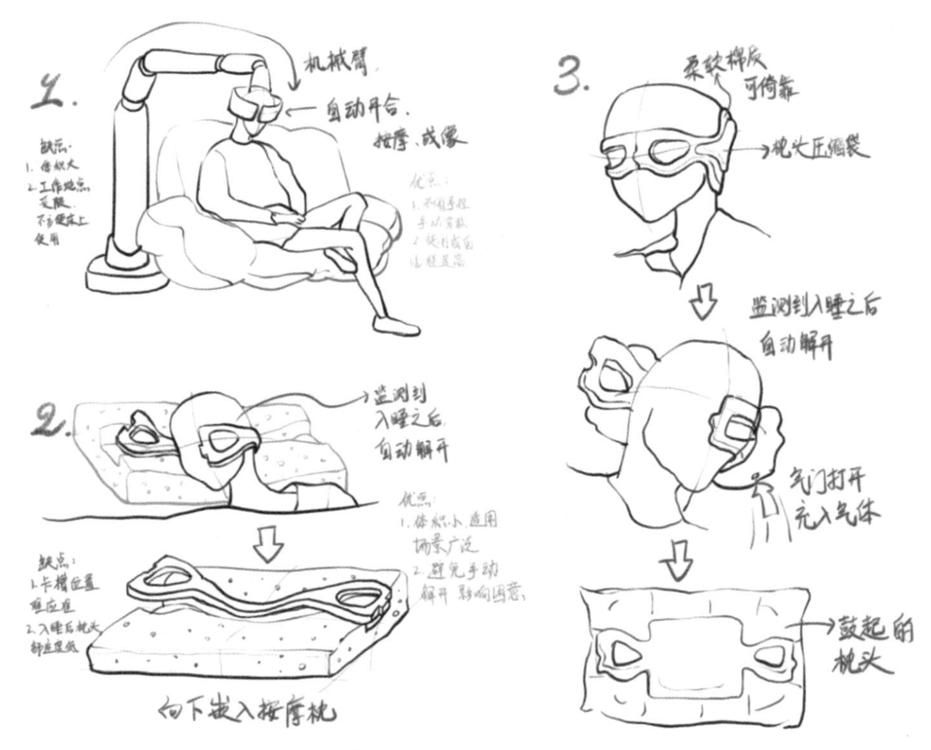

图 0-14 设计场景图

最后，设计手绘不仅是传达信息的工具，也是设计师在设计过程中进行探索的工具，其启迪性的特点表现在：设计师的创意在手绘绘制的过程中会与设计思维产生密不可分的联系，设计方案在手与脑的运动过程中得到不断的改进和完善。这一过程既锻炼了设计师的思维和想象能力，又因为产品的形态在展开的过程中具有指导的特性而启迪设计师探求新的形态和美感。（图 0-15）

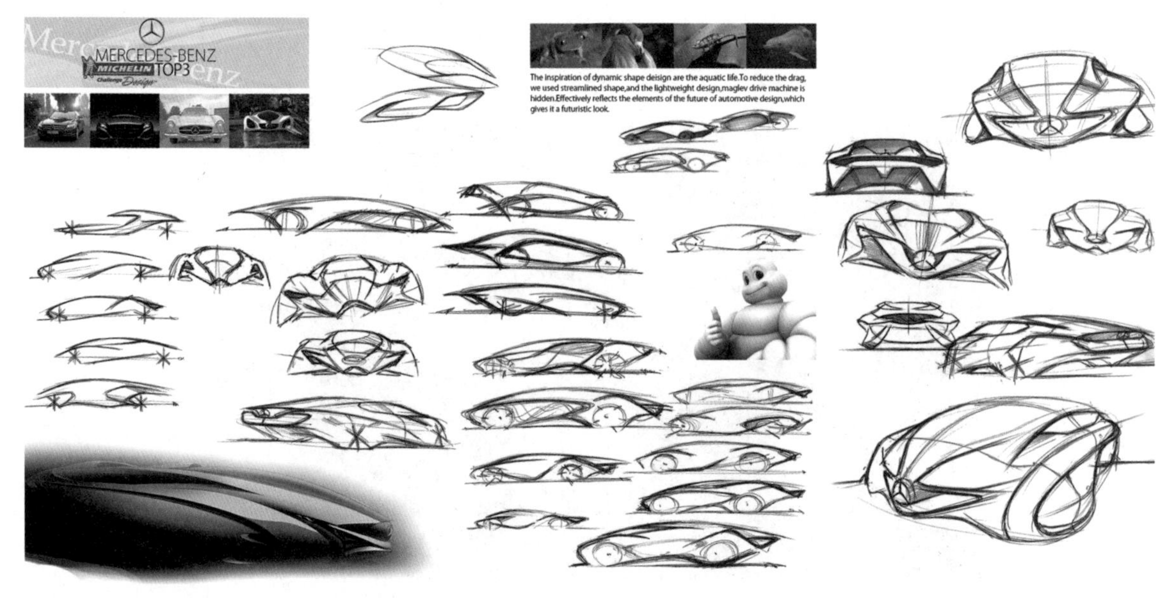

图 0-15 形态推敲草图

综上所述，最简单的图形比单纯的语言文字更富有直观的说明性。设计师要表达设计意图，必须通过各种方式提示说明，如草图、透视图、表现图等都可以达到说明的目的。尤其是色彩表现图，更可以充分地表达产品的形态、结构、色彩、质感、量感等，还能表现无形的韵律、形态性格、美感等抽象的内容。设计的创意过程是设计思维与手绘表达相互交叠，以及理性与感性相互结合与转化的过程，因此，设计手绘不是单纯的产品效果图的技能表现，而是设计师在设计实践过程中必不可少的交流和探索的工具。

4. 如何画好产品设计手绘表现作品

如图 0-16 所示，产品手绘表现技法是一种较为复杂又必须熟练掌握的技巧，设计师不仅要把图画得漂亮，还需要考虑产品的发展方向和结果，将娴熟的表现技巧自然地融入整个设计过程中，因此，设计师需要在了解设计对象的基础上选取较为合适的产品表现的透视角度，运用自己熟悉的绘画技巧将产品的形态、结构、材质等关系逐一展现出来。

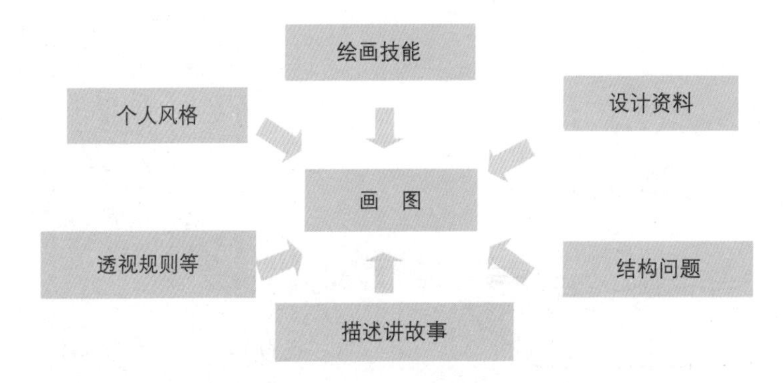

图 0-16　产品设计手绘表现的主要内容

手绘技能的掌握并非一蹴而就，而是需要经过一个由易到难、由简到繁的学习过程，并有目的地运用一定的方法加以练习。初学者可以先从简单的线条与结构线稿开始练起，循序渐进。不要妄想一口吃成胖子，直接开始画复杂的产品。在练习的过程中需要勤加思考，如自己哪些地方画得不如意，怎样选择教程或者书籍才会有针对性，这样才会选出适合自己的学习资料。下面给出了一些关于学习手绘的建议。

(1) 提高兴趣。在开始加强手绘表现技能训练之前，了解自己是否真的喜欢手绘。当你对手绘感兴趣时，练习一定会给你带来更多的快乐与回报；当你付出更多的时间和精力时，你的手绘能力自然也会得到不断的提高。(图 0-17)

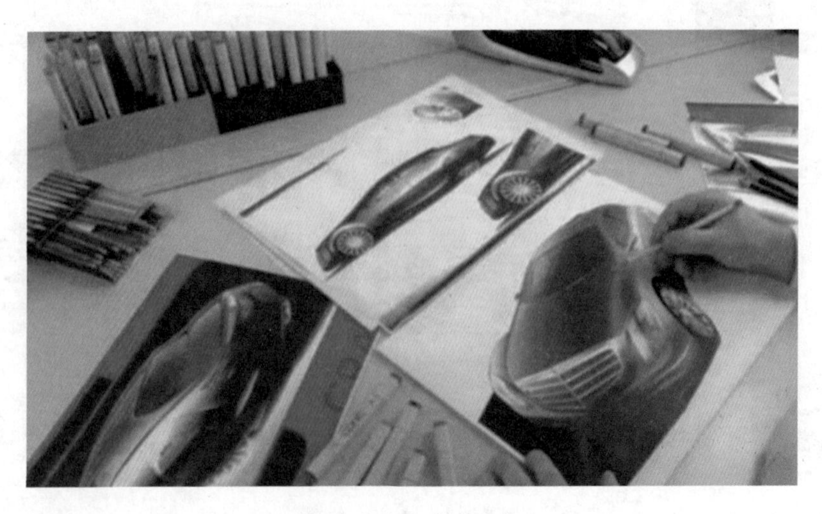

图 0-17　提高兴趣

（2）记录灵感。多用纸和笔记录你周围的事物。灵感源于生活，当你不断地在生活中进行手绘记录时，你会发现自己的手绘能力逐步变得收放自如。（图 0-18）

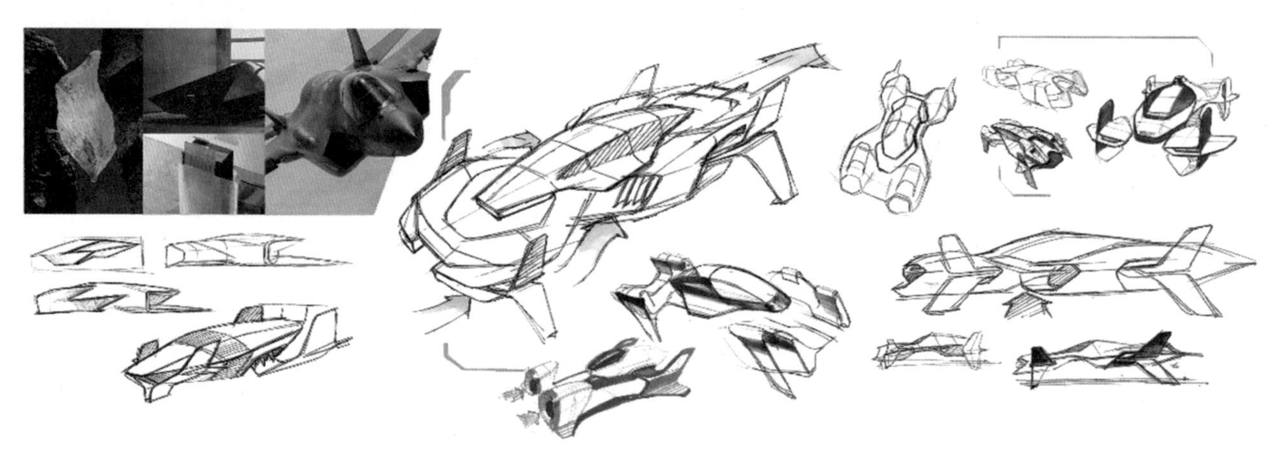

图 0-18 灵感手绘图（郭彦之）

（3）理解透视。透视是绘制有真实感产品效果图的基础，正确的透视能让人们在看到它的时候感受到它的真实性。透视一般分为一点透视、两点透视和三点透视，其中两点透视在产品效果图中经常用到。（图 0-19）

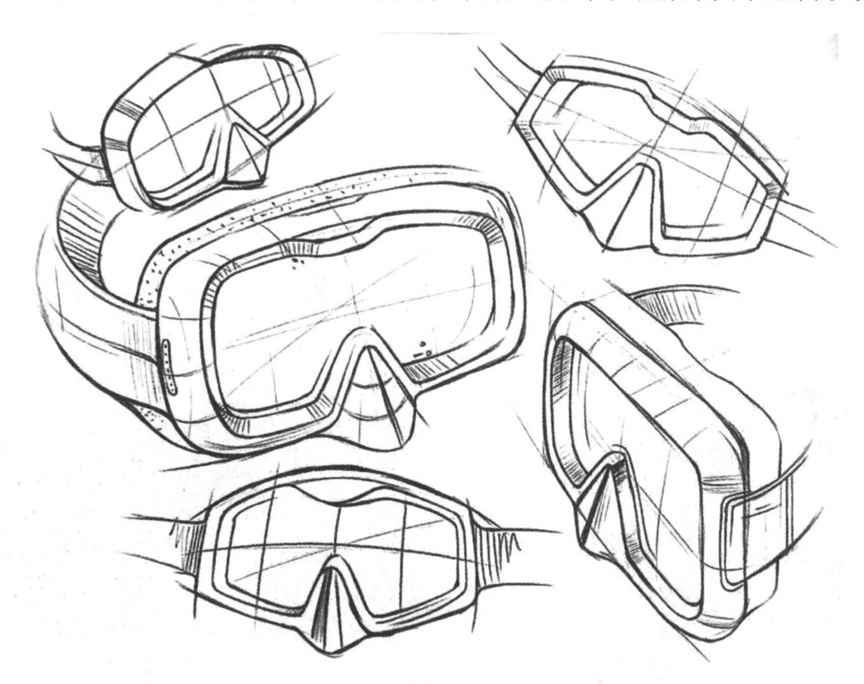

图 0-19 理解透视（韩尚瑾）

（4）正确的姿势。作为手绘的初学者，首先要学会如何徒手画出笔直的线条。如果只利用手腕去画，只能得到又短又弯曲的线条；如果学会运用肘部和前臂的运动来绘制，则能画出平直的线条。（图 0-20）

图 0-20 线条的绘制

（5）由简到繁。无论多复杂的形体，也是由各种简单形体组合而成的。初学者要循序渐进，不要想着一开始就画出大师级别的作品来。刚开始的时候，可以多练习画一些简单的形体，例如正方形、矩形、椭圆形和三角形等。（图 0-21 和图 0-22）

图 0-21　形体的练习

图 0-22　由简单形体转变而成的产品手绘图

第 1 章
产品设计手绘表现基础

本章学习目标：

1．熟悉手绘的材料与工具。

2．熟练掌握线条的绘制技巧与方法，夯实基础。

3．熟练掌握基本透视规律。

1.1　手绘材料和工具的使用介绍

“工欲善其事，必先利其器。”选择合适的手绘材料和工具，不仅可以帮助我们绘制出满意的产品表现图，还能节省时间与精力。所以，了解并熟练掌握这些手绘的材料和工具，对于学习手绘来说是非常重要的。下面分别进行简要介绍。

1.1.1　笔类工具

手绘用笔分为线稿用笔和上色用笔两种。线稿用笔常用的单色笔类工具（图 1-1）有单色彩铅、圆珠笔、中性笔和针管笔等，上色用笔主要有马克笔和高光笔等。

图 1-1　单色笔类工具

1．黑色彩铅

对于初学者来说，单色更容易把控。用来打底稿只需要普通的 HB 或者 H 的铅笔就行。另外，还需要用黑色彩铅 399 或 499，这种笔勾勒轮廓线比较漂亮，能够体现线条的轻重和粗细等，如图 1-2 所示。常见的黑色彩铅品牌有辉柏嘉、马克、中华等。初学者可以尝试对比一下，选择适合自己的品牌。

需要注意的是，彩铅分为水溶性与非水溶性两种。水溶性彩铅 499 质地较软，绘制线条时容易着色，也容易与马克笔相互融合，绘制时根据需要使用，但也要注意避免出现画面脏乱的现象。

2．圆珠笔

圆珠笔绘制时的手感与铅笔有些相似，可以区分出线条的轻、重、粗、细，对产品线条的表达比较具有艺术感染力，如图1-3所示。不过，圆珠笔不具备彩铅的可修改性，适合对线条绘制较为熟练者使用。

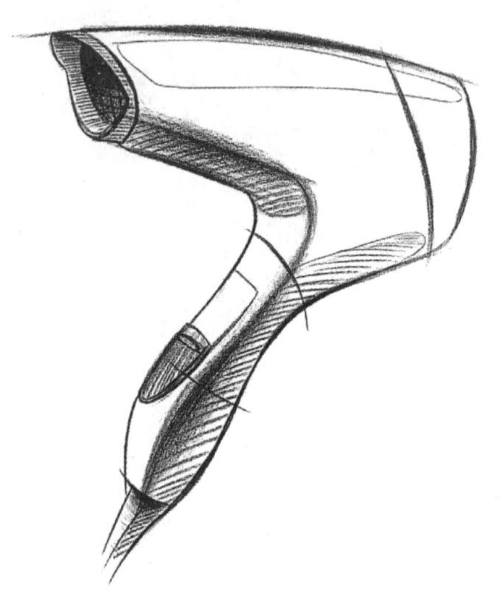

图1-2　黑色彩铅绘图

图1-3　圆珠笔绘图

3．针管笔和中性笔

针管笔和中性笔特性类似。针管笔绘制出的线条粗细均匀，如图1-4所示。一般会通过笔的不同型号来选择线条的粗细。这类笔画完之后很难修改，适合线条运用较为熟练者使用。

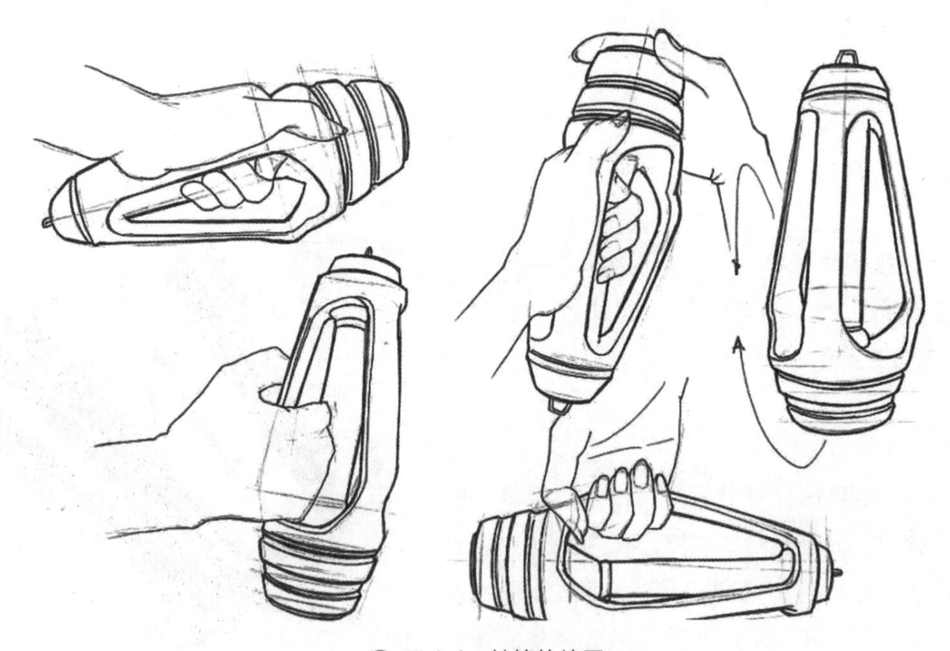

图1-4　针管笔绘图

4．马克笔

马克笔作为当代产品设计手绘表现的必备工具，具有方便携带的特点（表1-1）。马克笔的墨水分为油性和水性两种，绘制效果如图1-5所示。油性的马克笔因为含有酒精成分，味道比较刺激，易挥发，两笔叠加时笔触效果不明显；水性的马克笔不含油精成分，两笔叠加时具有明显的笔触效果。

表 1-1　不同品牌的马克笔

品牌	COPIC	AD	三福	法卡勒	TOUCHTHREE
图片					

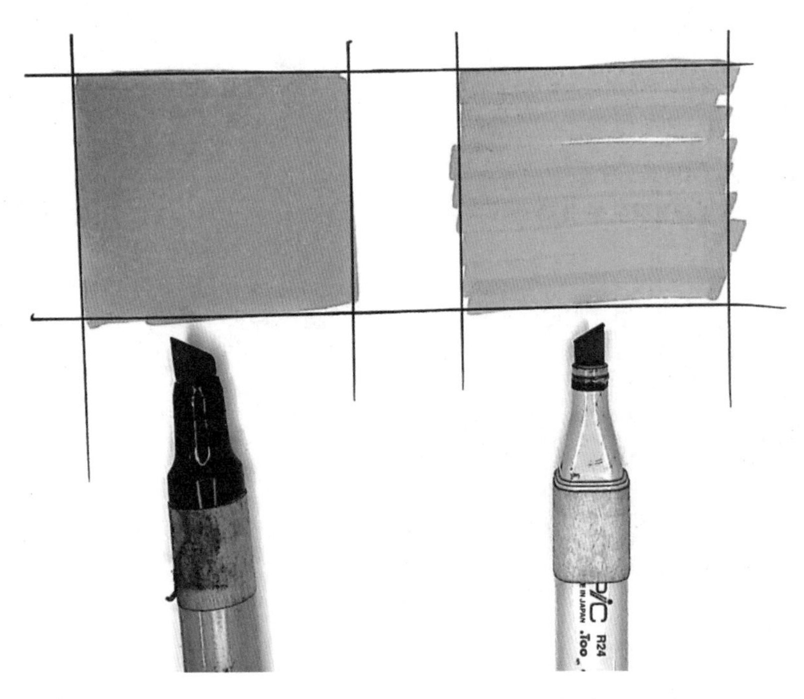

图 1-5　油性马克笔（左）与水性马克笔（右）绘制效果

5．色粉与高光笔

色粉在西方大多称为软色粉，是一种用颜料粉末制成的干粉笔，如图 1-6（左）所示。色粉笔一般为 8 ~ 10cm 长的圆棒或方棒，也有价格昂贵的木皮色粉笔，可用于绘画。在图快完成之前，需要添加一些细节或修饰一些不太到位的局部，或是需要提高亮度时也会使用到高光笔，如图 1-6（右）所示。

图 1-6　色粉（左）和高光笔（右）

1.1.2 纸类、尺类及其他工具

除笔类工具外，手绘表现图还需要准备纸类和尺类（图 1-7），以及画板、裁纸刀、刻模用的各种美工刀、刻刀、胶水、胶带等辅助工具。

图 1-7 纸类、尺类工具

1. 纸类工具

手绘表现图用的纸种类很多，经常用到的有复印纸、手绘本和色卡纸。比较常用的复印纸有 70g 或 80g 的 A4 和 A3 两种规格。手绘本种类繁多，每个学习手绘的同学都会拥有自己个人的手绘本。手绘本只需要注意纸张是否适合画线稿，或者可以用马克笔绘画就行。

为了满足特定效果或者要求，也会用到有色纸或特殊纸张，如牛皮纸，有色卡纸等。用有色纸表现会有一种与普通纸完全不一样的视觉效果。

2. 尺类工具

尺作为手绘表现图的辅助工具也是非常重要的，当我们的设计方案基本确定之后，就需要绘制正式的设计效果图，这时候的线条表现就需要利用尺类工具来辅助完成。常用的有直尺、曲线模板、圆形模板等。

1.2　对线条的认识与练习

1.2.1　线条练习的重要性

千里之行始于足下，产品设计的手绘也是如此。产品的形体、结构、透视以及明暗等关系，均可以通过线条的粗细、转折以及虚实的变化来表达，如图 1-8 所示。线条是塑造产品形体的基础，优美的线条不仅能够充分展现设计者的能力和艺术修养，还能对产品结构和造型体量感的表现等起到提升表现力的作用。

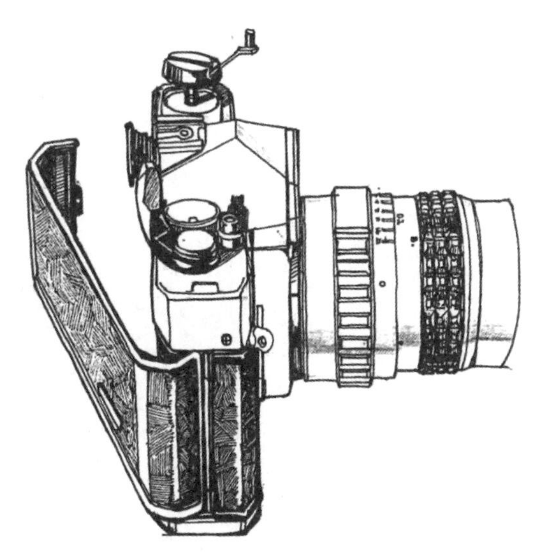

图 1-8　线条运用案例

1.2.2　直线练习的技巧与方法

直线是产品手绘中最基础的线条，可以通过徒手分类练习来掌握。如在草图绘制阶段，一般采用两端轻中间重的线条。画线条时速度要快，笔触要硬朗；在刻画产品结构和深入塑造产品形体时，常用一段重、一段轻的线条；在用彩铅进行形体塑造和结构刻画时，则可以采用轻重较平均的线条。具体如何运用，需要根据经验并放到实际要表达的对象中去判断。

在产品手绘中主要运用的是以下两种线条：一种是最为常见的中间重而两头轻的线条（图 1-9）；另一种则是常用于表现产品细节和阴影部分的均匀直线（图 1-10）。

图 1-9　中间重而两头轻的线条

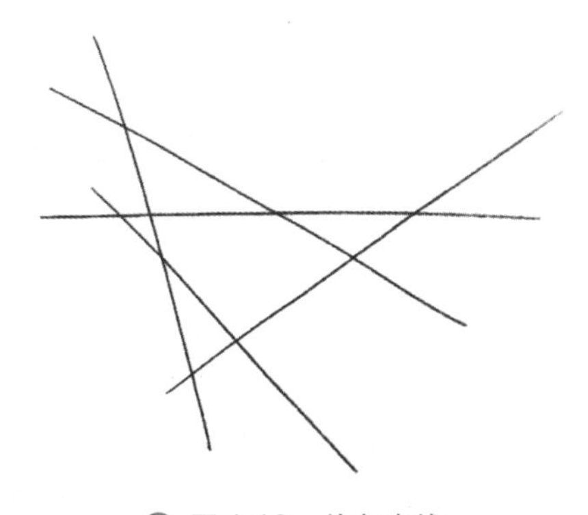

图 1-10　均匀直线

初学者在绘制直线时，容易不自觉地以手肘为圆心进行绘制，这种“甩”出来的直线实际上是一条圆弧线，此时在绘制短线条时看不出弊端，一旦线条过长则其弧线的轨迹就会暴露无遗。

因此，我们通常采取下面三种方法进行直线练习（图 1-11）。

（1）定边：确定两条边线，然后在此范围内练习徒手绘制直线。

（2）定点：在纸上任意点取不定数量的点，然后试着用直线连接，尽量使直线的端点与已知点重合。

（3）定向：确定一个倾斜方向，然后沿此方向手绘直线，也可以交叉垂直练习。

直线练习的要点：用力均匀快速、准确，排线时间间隙尽量小而均匀。

图 1-12 所示为直线练习的应用效果。

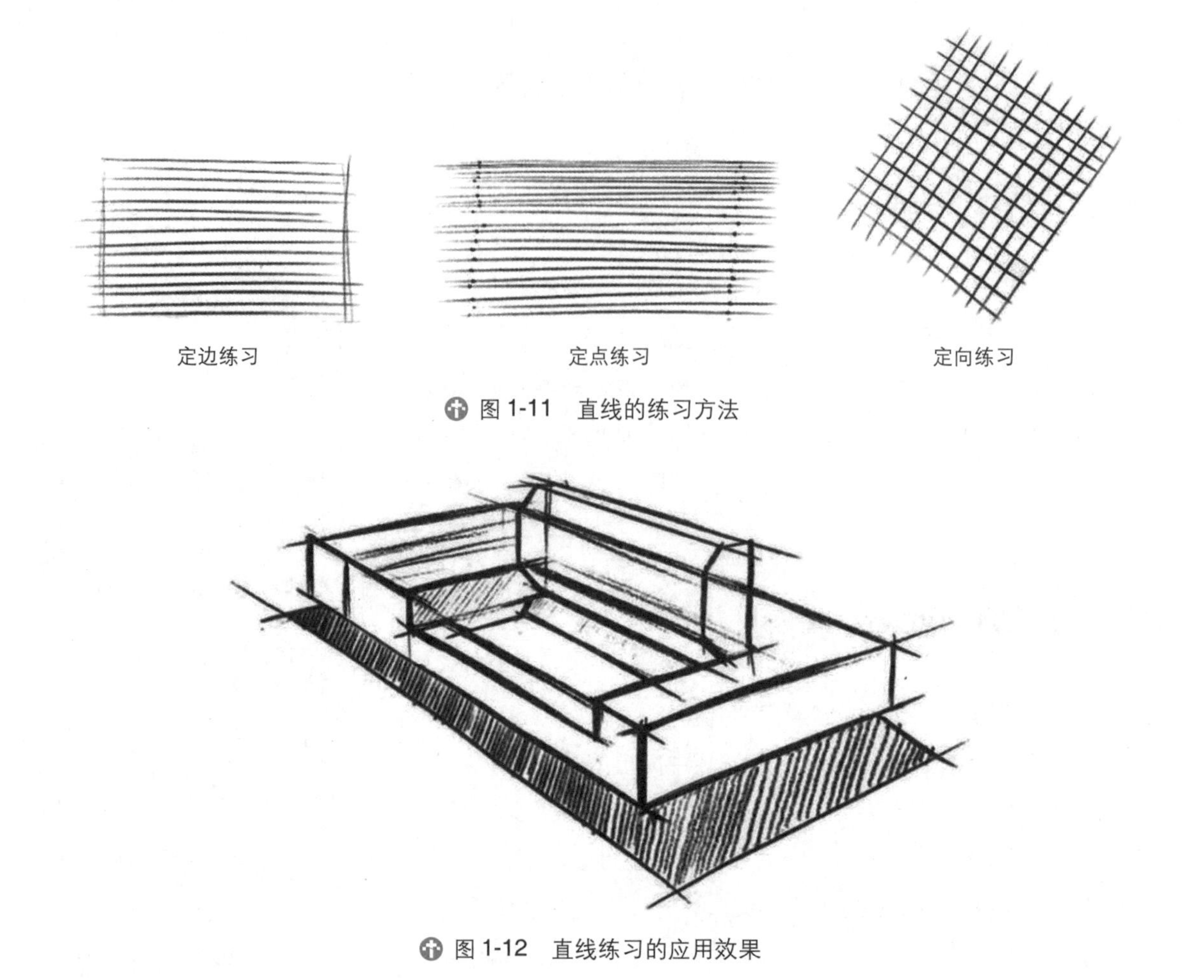

图 1-11　直线的练习方法

图 1-12　直线练习的应用效果

1.2.3　曲线的练习技巧

曲线是手绘线条中较难掌握的一种，在练习中需要让手形成一种记忆，不能仅靠工具去描画。曲线练习方法主要有同弧曲线、S 形曲线和连点练习三类，如图 1-13 所示。练习时通过连接点去画线，做到快、准、狠，并保证线条的流畅自然与匀称。

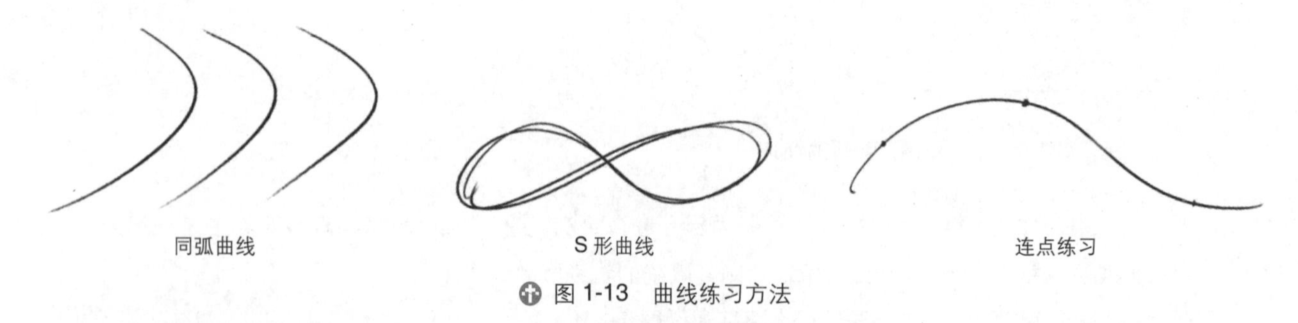

图 1-13　曲线练习方法

优美的弧线可以使物体的表现显得更加生动。手绘抛物线和自由曲线的练习方法如图 1-14 所示。

（1）三点定线法：在纸面上任意确定三点，绘制自由曲线并穿过这三个点。

（2）等高叠加法：在纸面上画三条等距线条，将中间的一条线作为中心线，其他两条线分别为中心线的对称线，在对称线上分别确立对称中心点后，再绘制出等高曲线。

曲线在产品手绘中的应用较为常见，可多加练习，如图 1-15 所示。

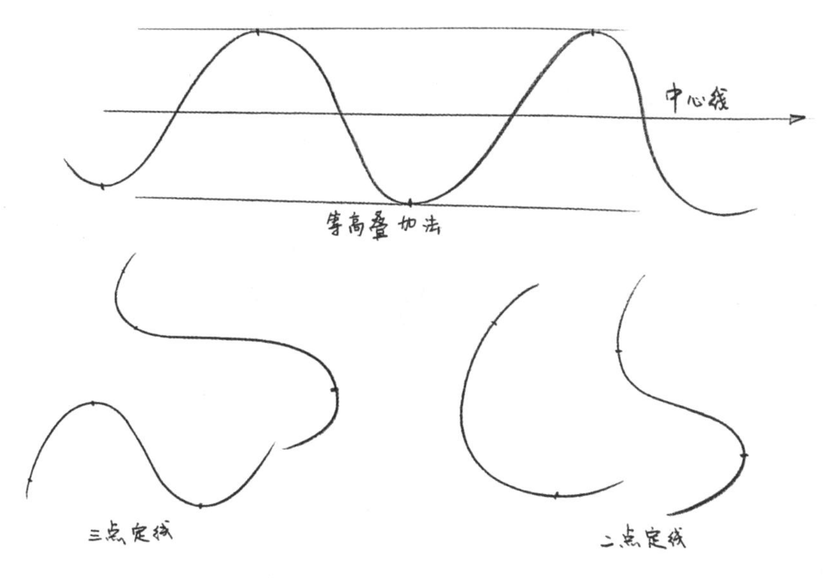

图 1-14　手绘抛物线和自由曲线的练习方法

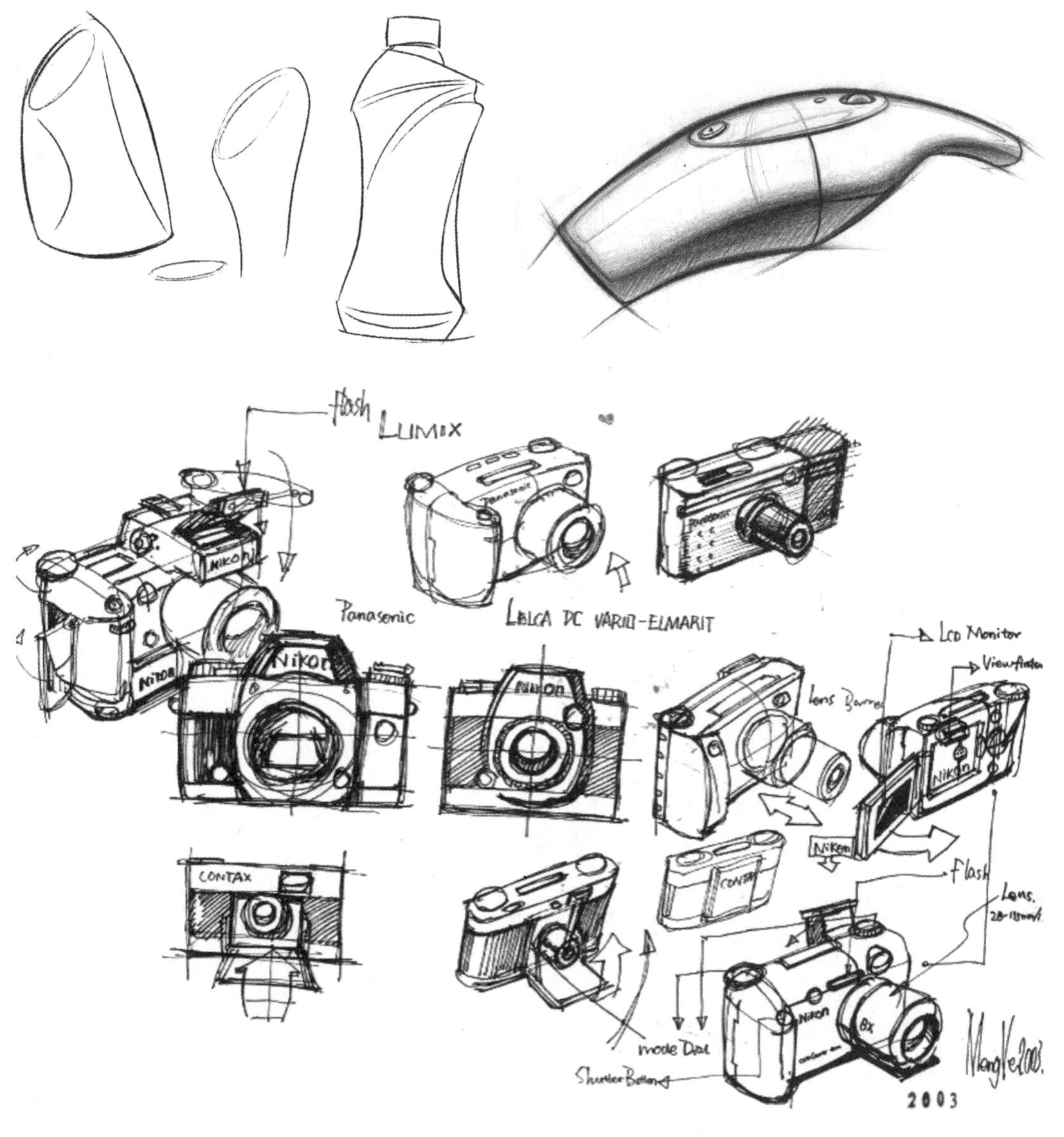

图 1-15　曲线在产品手绘中的应用

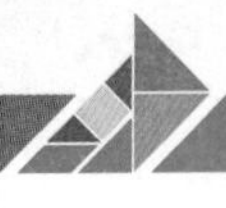

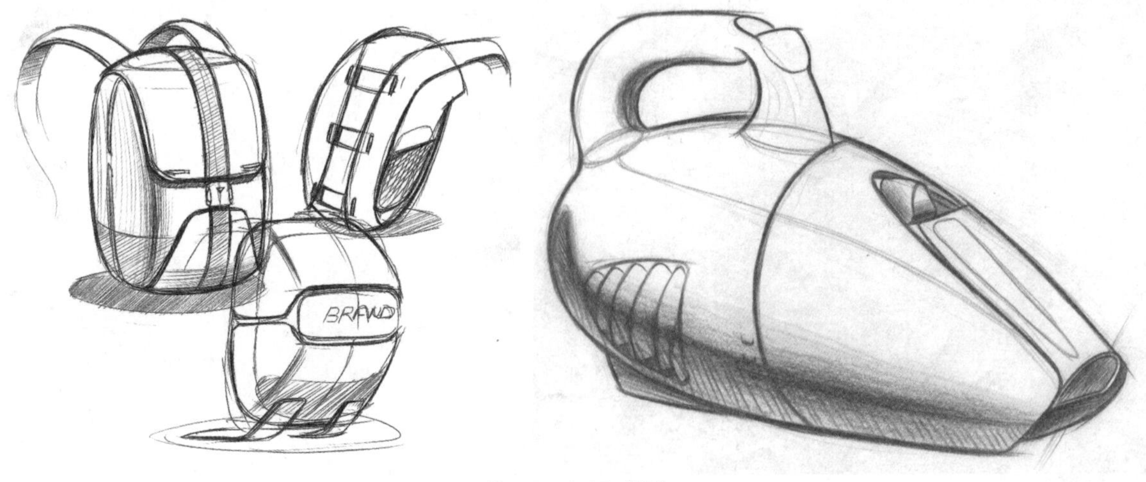

图 1-15（续）

1.2.4 圆形与椭圆形的练习方法

在手绘中，绘制圆形与椭圆形是最为困难的，想要一笔就画出一个很标准的圆形，需要很长时间的练习才能达到。初学者在矩形图框里画圆形或椭圆形是一种比较有效的练习方法，这有助于椭圆形与其他曲线相连接时的准确度。椭圆形的练习方法主要有三种：同底矩形法、同边椭圆法和沿边曲线法（图 1-16）。图 1-17 所示为椭圆形在产品手绘中的应用。

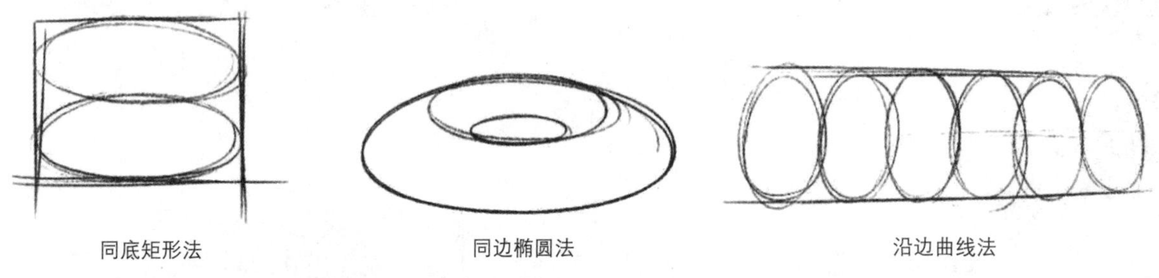

图 1-16　同底矩形法、同边椭圆法与沿边曲线法

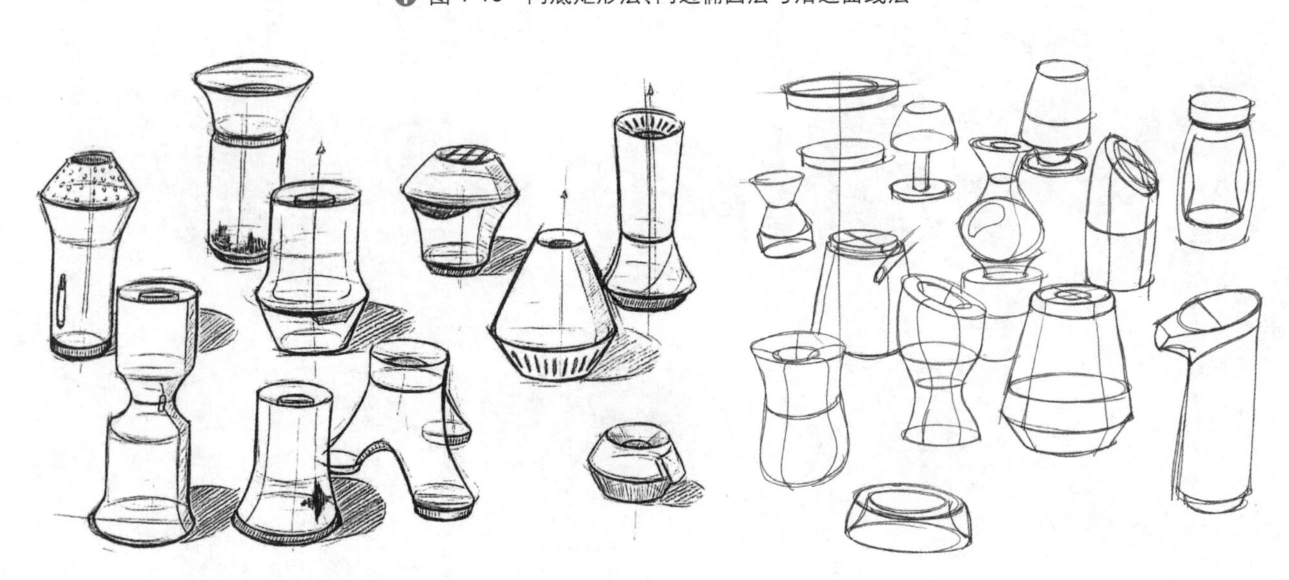

图 1-17　椭圆形在产品手绘中的应用

徒手绘圆形与椭圆形的练习方法（图 1-18）。

（1）定四边：先确定一个方形，然后在此方形内绘制内切圆形。

（2）定中心：用十字线确定圆形或椭圆形的中心点，然后依次间隔均匀地进行徒手绘制。

（3）定弧线：用两条自由弧线定边，弧线带有一定的透视，在弧线中间绘制椭圆形，使之与弧线相切。应注意透视关系的表达。

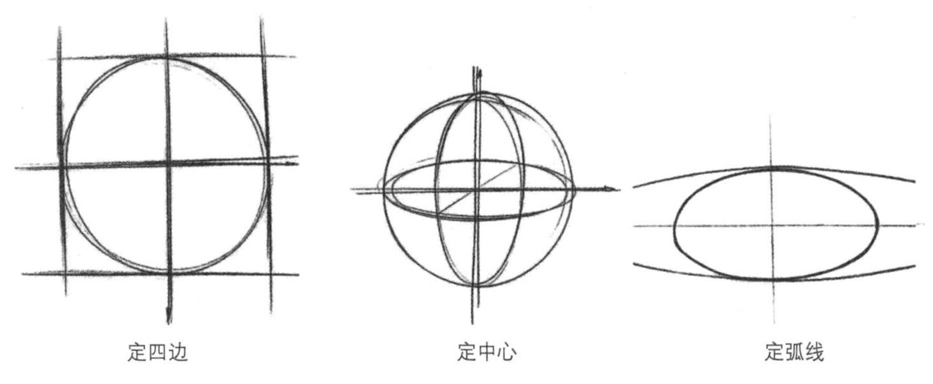

图 1-18　圆形与椭圆的练习方法

1.3　产品手绘表达中的基本透视规律

在产品设计手绘表现过程中，准确地运用透视关系，可以帮助设计师更好地表达设计意图，同时使观者也能够更准确、快速地读懂设计师想要表达的设计意图。下面简要地介绍手绘表达中的一些基本透视规律。

通常我们在观察一个物体时，会寻找一些虚拟的辅助线来确定物体的位置。我们将位于双眼水平位置的辅助线设定为视平线，将垂直于视平线且位于双眼之间的对称线称为视中线。在视角发生变化的时候，高于视平线观察物体时称为仰视；与视平线平齐观察物体时称为平视，低于视平线观察物体时称为俯视。（图 1-19）

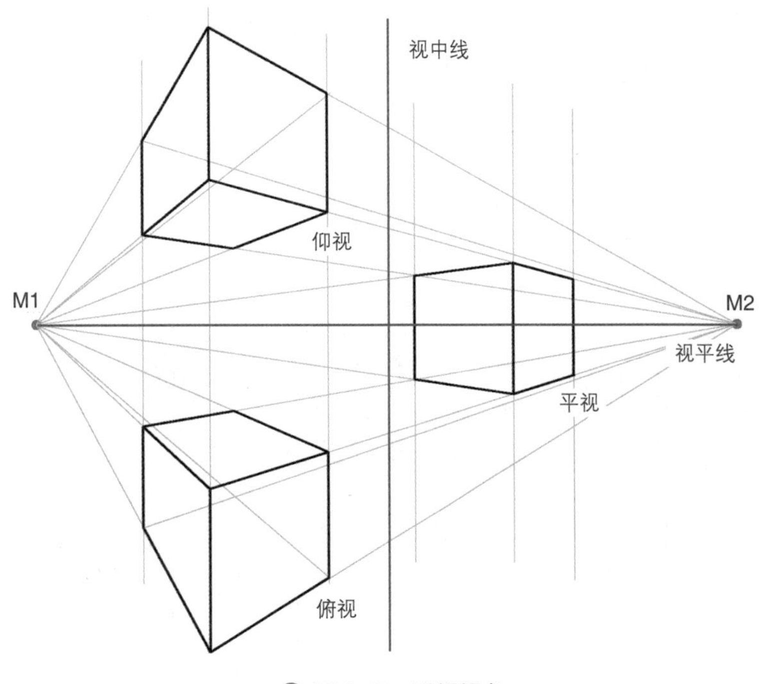

图 1-19　透视视角

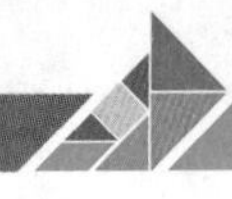

1.3.1 一点透视

一点透视一般是指物体的正面与画面平行，只有一个消失点的透视。如图 1-20 所示，立方体的上下水平边界线与视平线平行，正视图没有透视变化。一点透视具有简单、直接、正式、稳重和纵深感的视觉特点，适合表现一些主视觉特征面和功能面均设置在正面的产品（图 1-21），如打印机、电视机、冰箱等产品。

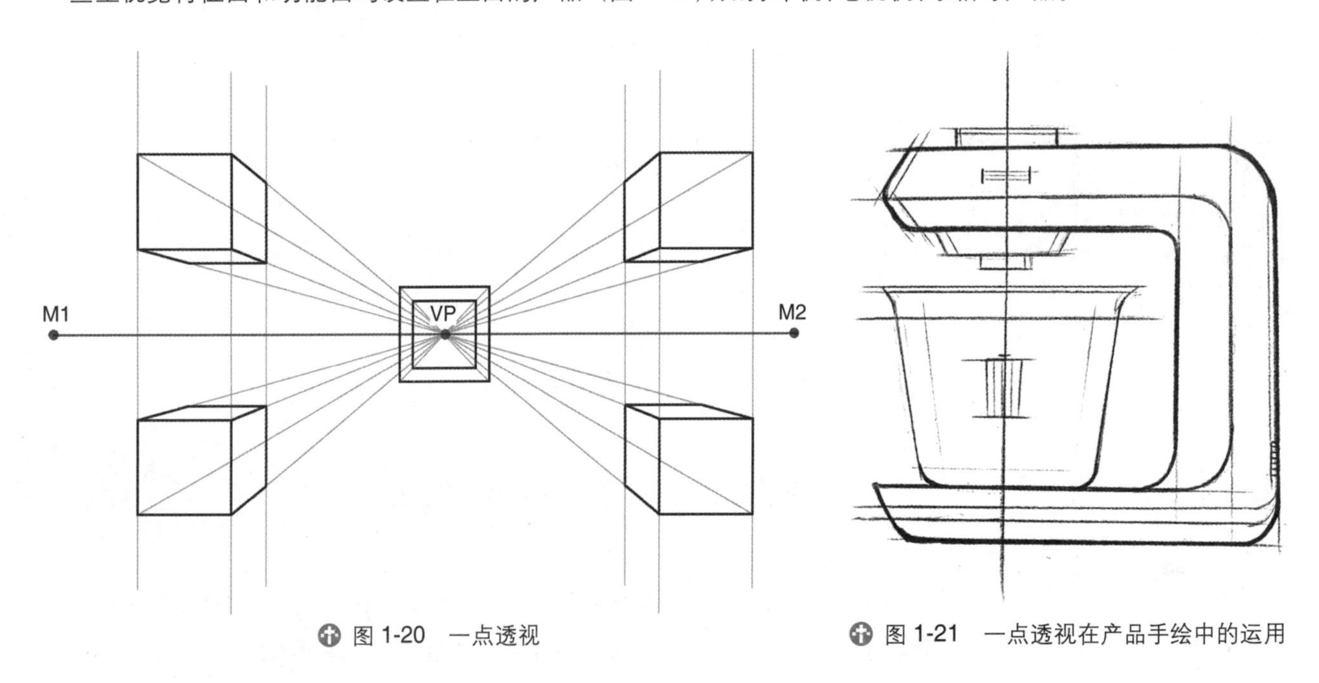

图 1-20 一点透视

图 1-21 一点透视在产品手绘中的运用

1.3.2 两点透视

两点透视也叫成角透视。如图 1-22 所示，当立方体旋转一定角度或者视点转动一定角度来观察立方体时，它的上下边界会出现透视变化，其边界延长线会分别相交于立方体左右两侧位于视平线上的两个灭点 M1 和 M2 上，故被称为两点透视。两点透视表现产品的角度较为丰富，画面的体积感较强，适合表现大多数造型由正面到侧面变化的产品形态。图 1-23 所示为两点透视在产品手绘中的应用。

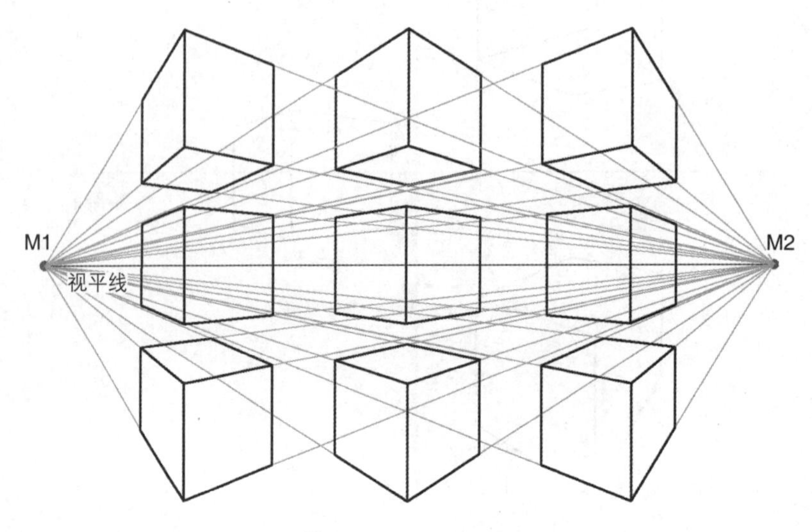

图 1-22 两点透视

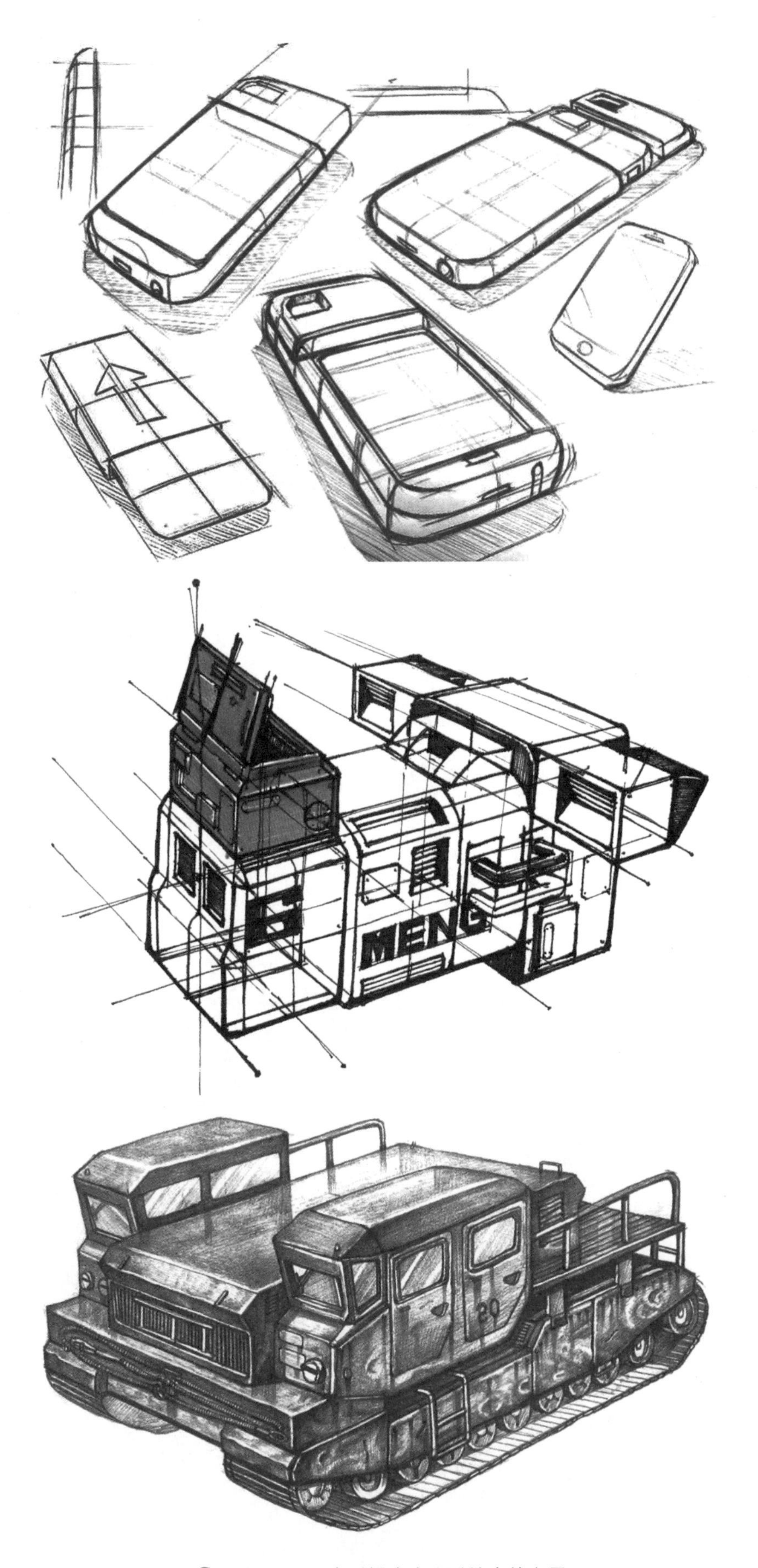

图 1-23　两点透视在产品手绘中的应用

1.3.3 三点透视

三点透视是所有透视类型中最接近真实的一种，常见于对物体的俯视或仰视表现中。其视觉效果冲击力强，展示性较好。

三点透视的物体，其上下边界线与视平线不垂直，各边延长线会分别消失于三个点（图 1-24）。这种透视常常被用于建筑设计的表现中，以凸显建筑物高大宏伟的造型特征，也适用于表现形体比较长的产品。图 1-25 所示为三点透视在产品手绘中的应用。

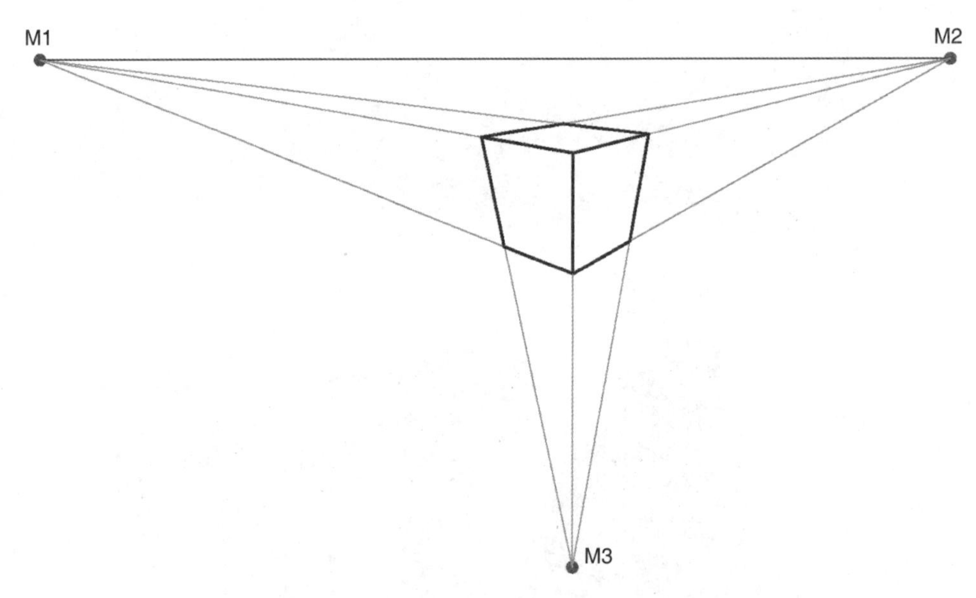

图 1-24 三点透视

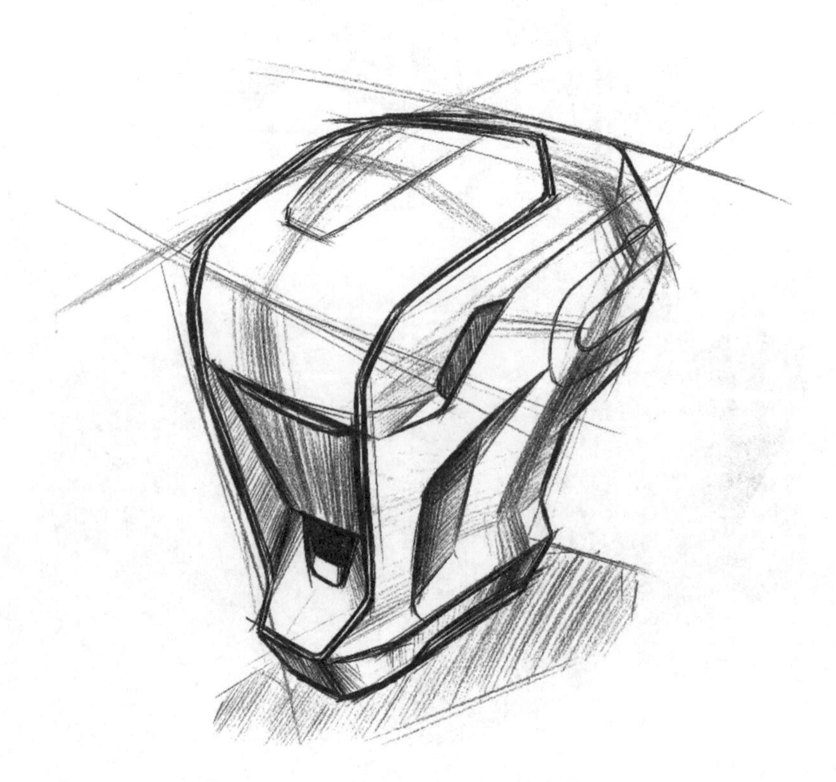

图 1-25 三点透视在产品手绘中的应用

1.3.4　圆形透视

一个圆形可以由一个正方形切出来，但当正方形发生透视变化时，圆形便会变成椭圆形，如图 1-26 所示。圆形有各种透视变化（图 1-27）：离视平线或视中线越近的时候看到圆形的面积越小也越扁；相反，离得越远，面积越大也就越圆。图 1-28 所示为圆形透视在产品手绘中的应用。

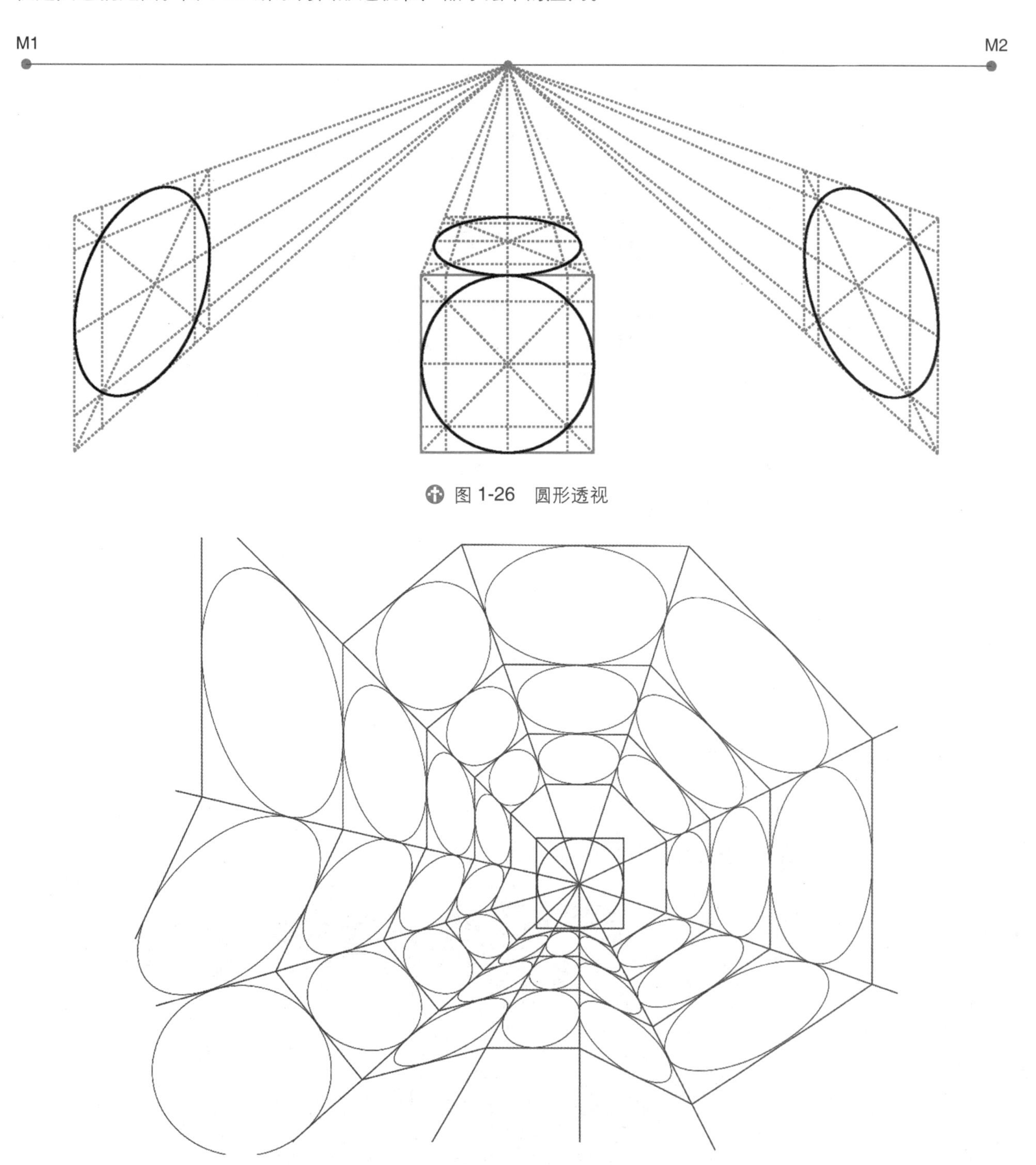

图 1-26　圆形透视

图 1-27　圆形与椭圆形的透视解析

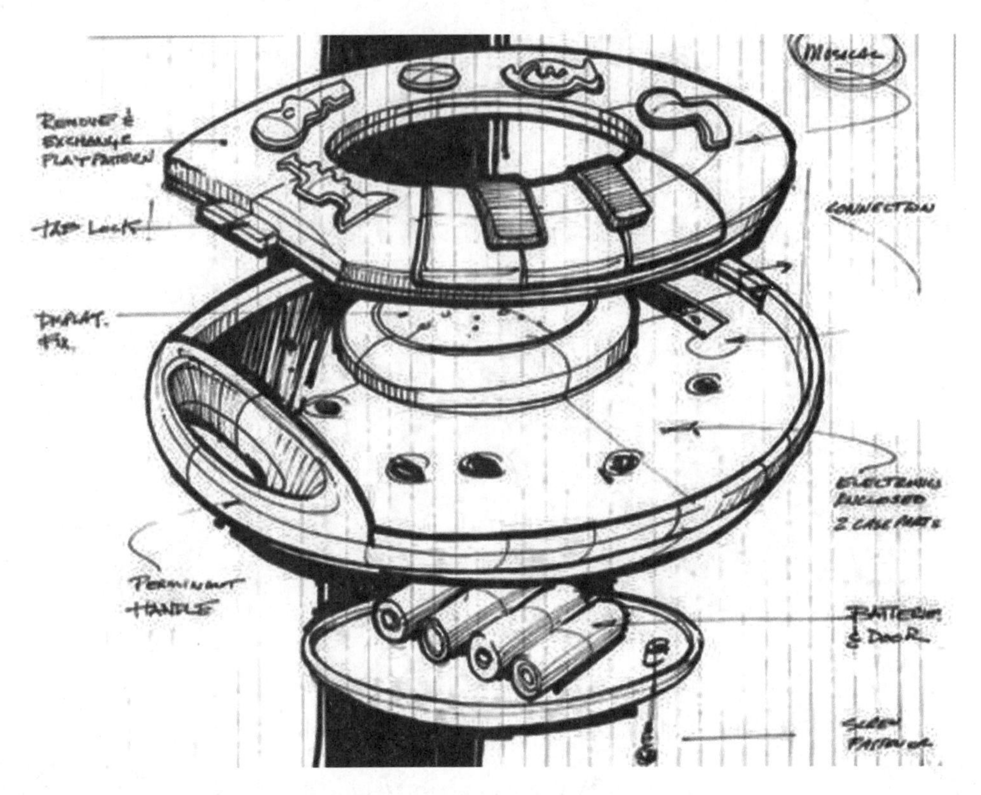

图 1-28　圆形透视在产品手绘中的应用

1.3.5　倒角和形体曲面的画法

1. 倒角画法

产品在加工与装配过程中，不可避免地会遇到倒角的问题。因此，在产品手绘设计中也需要使其表现出来。倒角一般分为 C 角（45° 倒角）和 R 角（圆角），这两种倒角通常会以单边倒角和复合倒角的形式在产品中出现。

1）单边倒角

以立方体为例，C 角画法如图 1-29 所示。

（1）确定并画出立方体的透视角度。

（2）在立方体的各边角位置画出倒角辅助线。

（3）画出 C 角斜边，并连接成面，最后形成带 C 角的立方体。

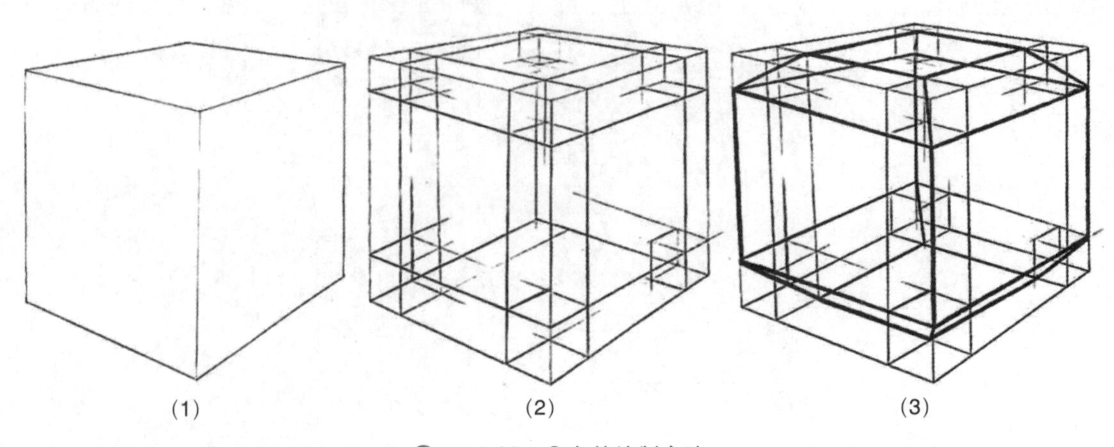

图 1-29　C 角的绘制方法

同理，R 角的画法是在 C 角画法的基础上绘制的，如图 1-30 所示。

(1) 确定并画出立方体的透视角度。

(2) 在立方体的各边角的位置，画出倒角辅助线。

(3) 根据辅助线，画出立方体各角上的截面倒角半径，并连接倒角后形成的轮廓线。

(4) 用光滑的线画出强化倒角后的立方体轮廓线。

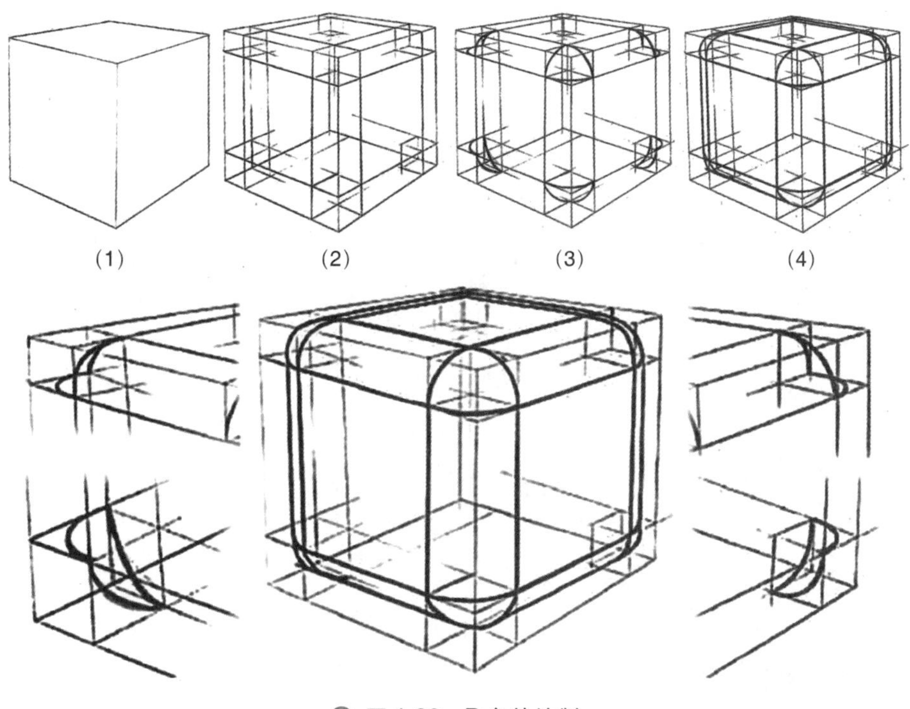

图 1-30　R 角的绘制

2) 复合倒角

很多产品都有比较漂亮的复合倒角，除了一些特殊的棱角外，都会采用不同的倒角处理方式。不仅对产品起到保护作用，还可以增加手感的舒适性。倒角的大小和组合数量往往也需要从产品美学和结构、工艺等方面进行考虑，如图 1-31 所示，对于较难理解的复合倒角，我们需要先从理解单边倒角开始，逐步地理解两边倒角、三边倒角、四边倒角……再以这些基本形为基础，绘制出其他图形。图 1-32 和图 1-33 所示为复合倒角在产品手绘中的应用。

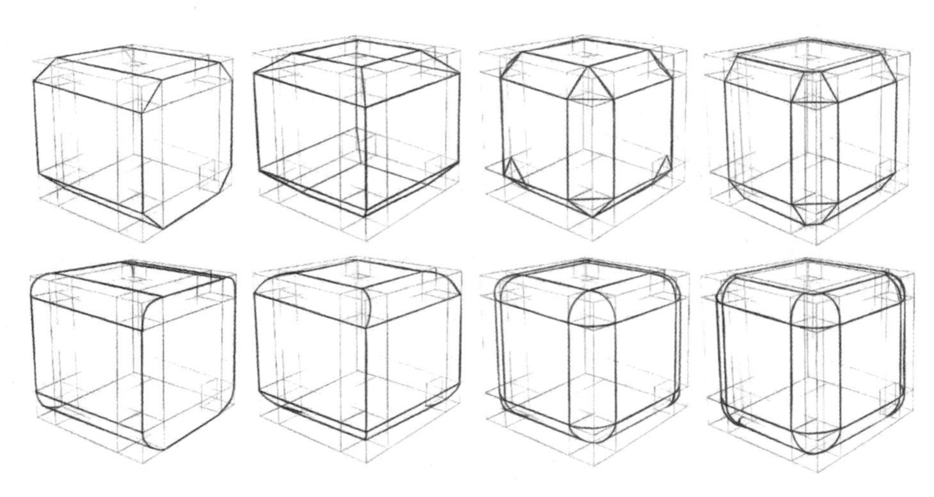

图 1-31　复合倒角的绘制

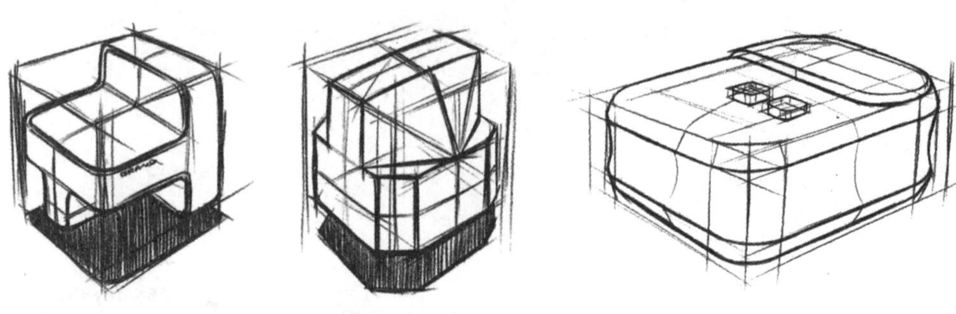

图 1-32　复合倒角在产品手绘中的应用（1）

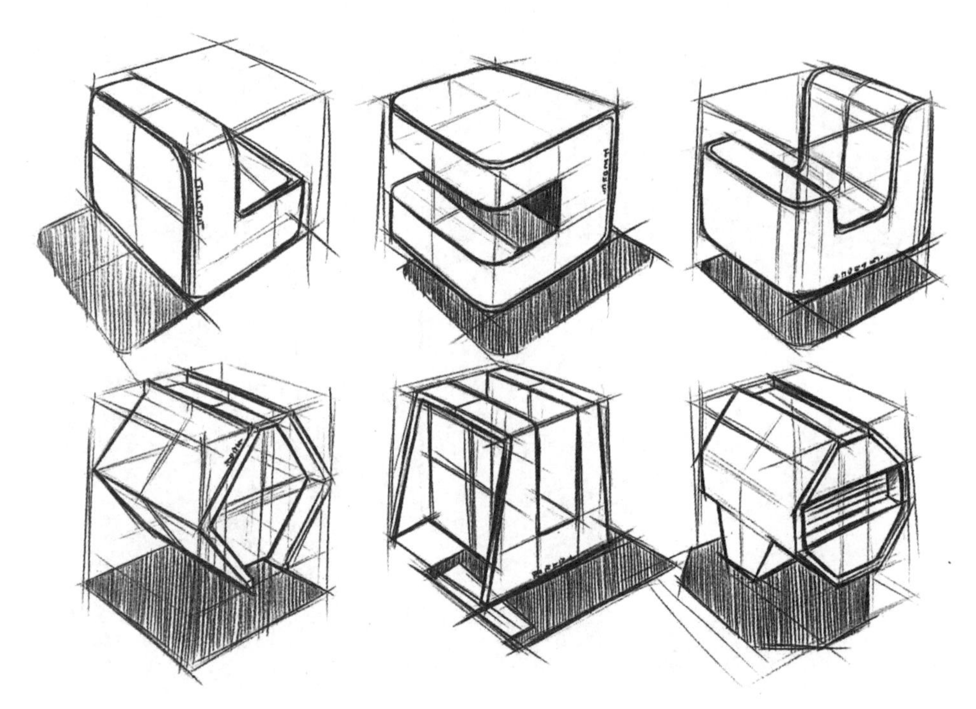

图 1-33　复合倒角在产品手绘中的应用（2）

2．曲面的画法

1）曲面

曲面是构成产品形体的重要组成部分，它是由一条动线（直线或曲线）在空间中连续运动而形成的轨迹。曲面可分为简单曲面和渐消面两种。

简单来讲，简单曲面是由平面中的截面线发生变化的结果（图 1-34）：截面线向下弯曲形成凹面，截面线向上弯曲形成凸面。通常在设计草图阶段，设计师将截面线作为辅助线来估算曲面的曲率，进而画出相应的曲面。图 1-35 所示为曲面在产品手绘中的应用。

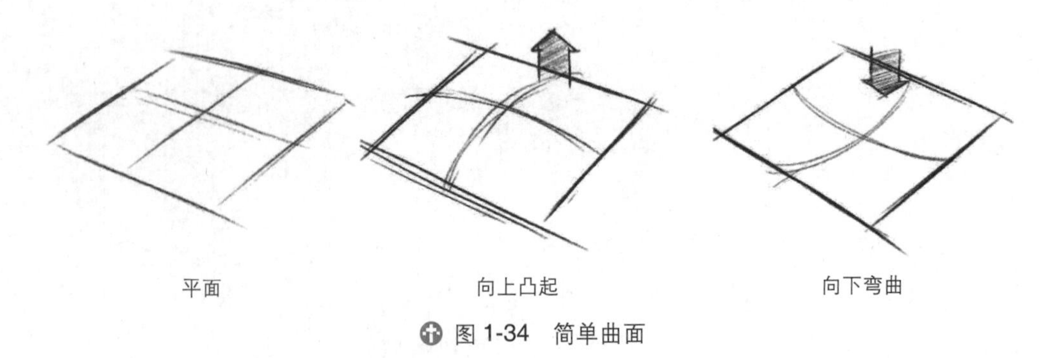

图 1-34　简单曲面

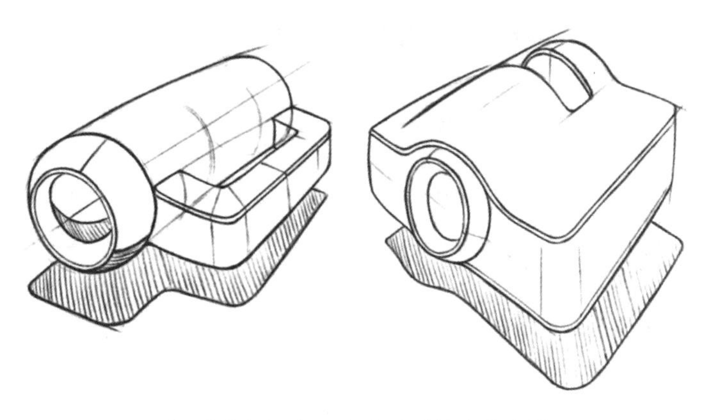

图 1-35　曲面在产品手绘中的应用

2）渐消面

在实际的产品设计中，存在着许多较为复杂的曲面设计，产品手绘形态不局限于简单的凸起或凹陷，而是被称为渐消面的一种特殊面，通俗地讲就是两个不同方向的面渐渐变成一个面。渐消面（图 1-36）大多被应用于产品外观设计中的表面细节造型。图 1-37 所示为渐消面在产品手绘中的应用。

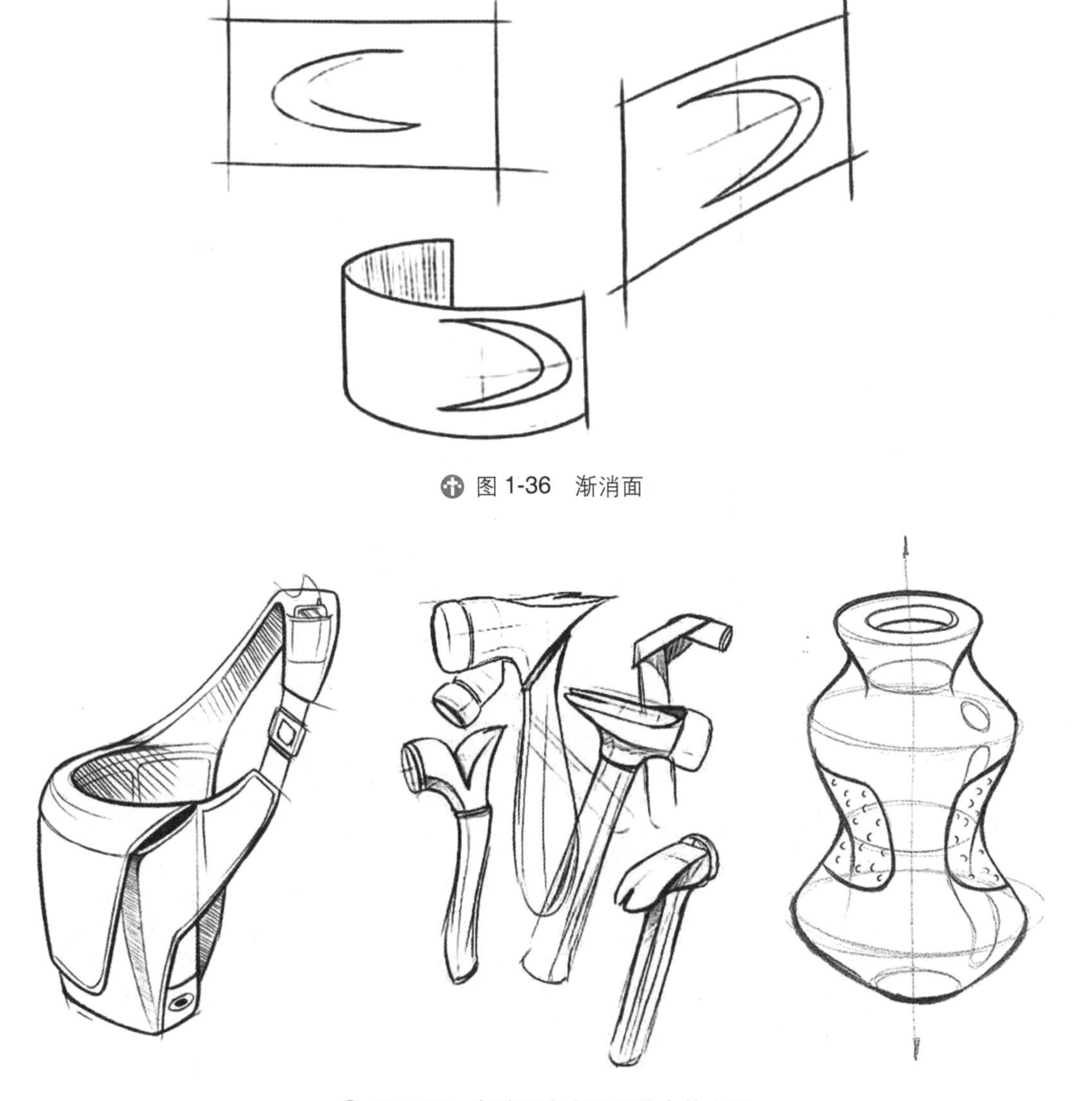

图 1-36　渐消面

图 1-37　渐消面在产品手绘中的应用

在本章结束前，为初学者提供了一些与本章所述知识点相关的手绘作品，供大家在练习时参考（图 1-38）。

图 1-38　基础线稿（韩尚瑾）

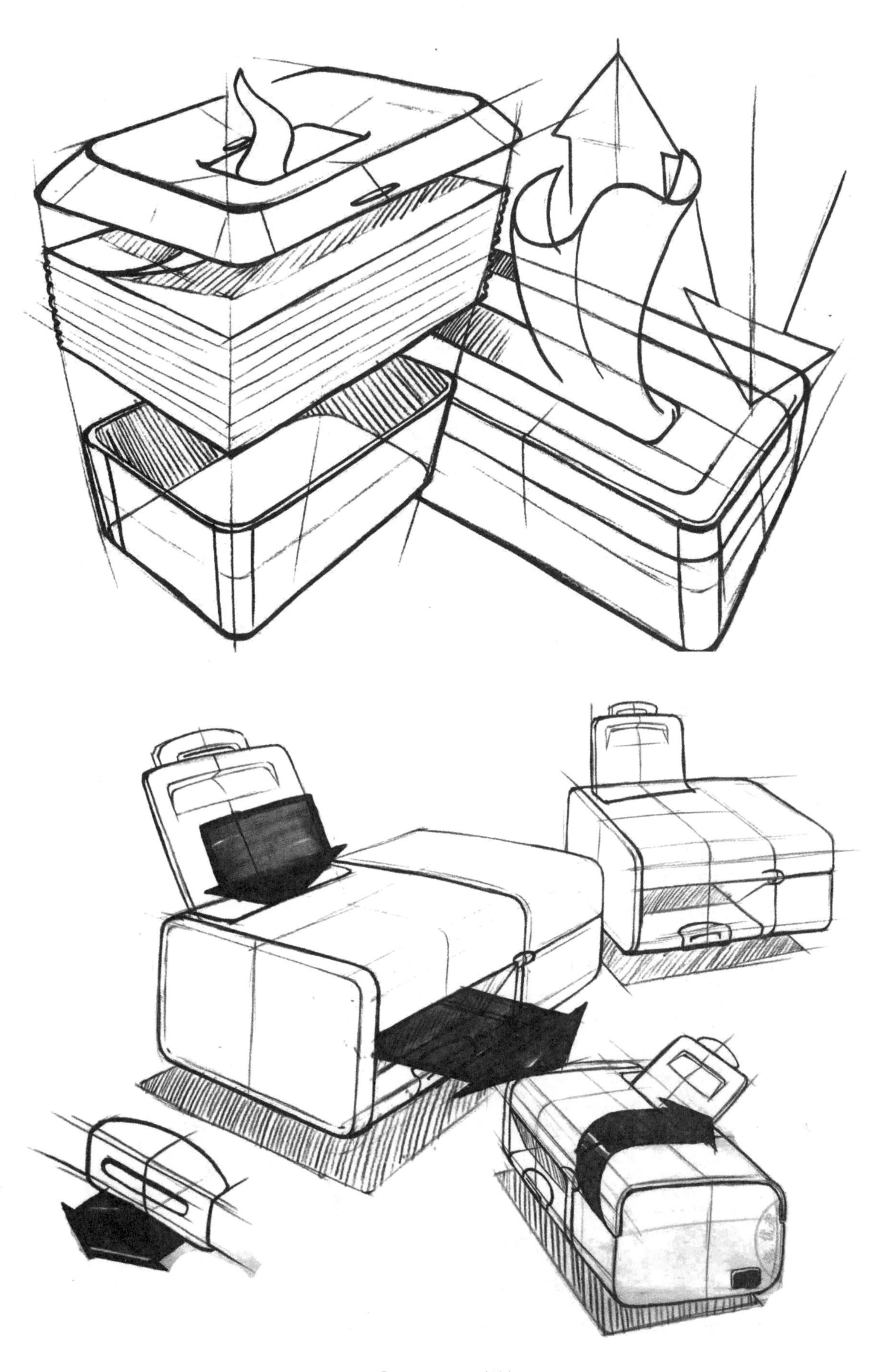

图　1-38（续）

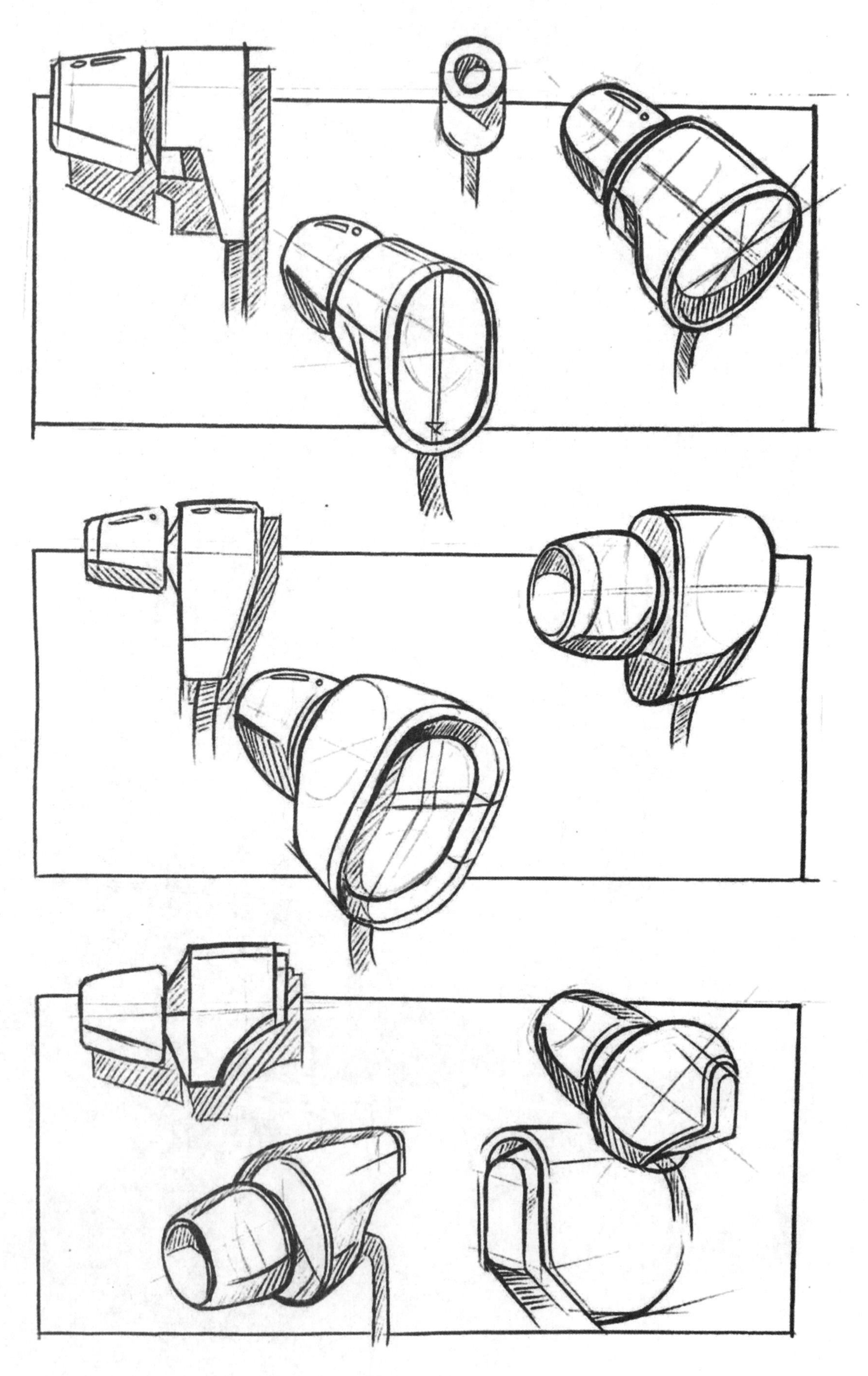

图 1-38（续）

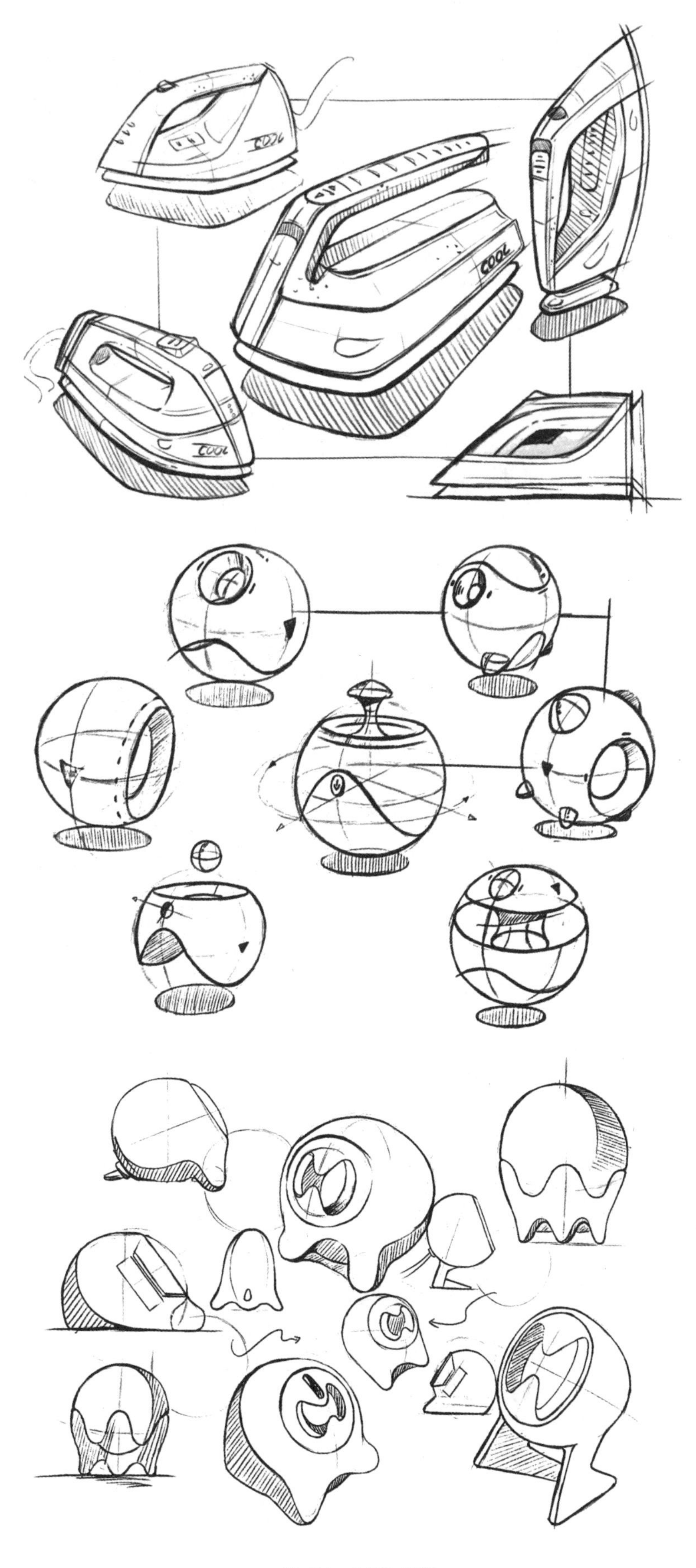

图　1-38（续）

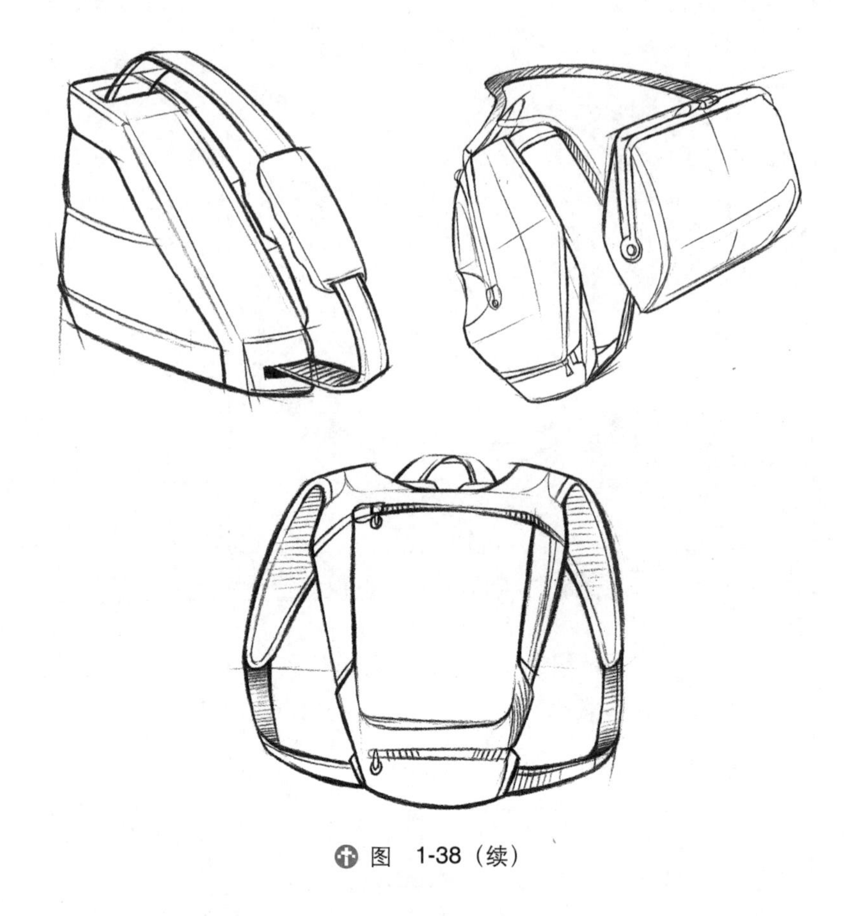

图 1-38（续）

本章小结

产品设计手绘有别于其他类别的艺术手绘。在学习产品设计手绘技法之前，初学者需要了解并掌握线条、曲面以及透视原理等基础知识与技巧，并在此基础上进行一些基本功的训练，这将有助于手绘能力的提高。

第2章
产品设计手绘表现基础形体训练

本章学习目标：

1. 通过基本形体的造型训练，理解产品基本结构特征。
2. 掌握产品常用材质的表现要点。
3. 掌握产品设计草图的快速表现方法。

2.1 单色造型基础训练

要表现一个物体的立体感，其形体的准确和美观将直接影响最终的效果，而形的准确性是表现的基础。透视准确的形体和流畅优美的线条，可以将产品的结构关系完美地表达出来，为此我们需要做一些基础的造型训练。

2.1.1 基本形体的训练

现代工业产品的形体一般会根据其使用功能的不同而呈现出多样性的特征，大致可归纳为立方体、圆柱体、球体、锥体等几种基本形体，以及这些基本形体的组合形体。从基本形体的表现入手，在理解的基础上，掌握好形体中的造型、透视、结构、明暗以及冷暖等关系的表现，是开始产品手绘表现的基础。下面就介绍两种基本形体的画法。

1. 几何体

1）立方体的马克笔画法（图2-1）

（1）画出一个带透视关系的立方体线稿。

（2）设定光源方向，用深色马克笔画出立方体的投影部分，以区分大体的明暗关系。

（3）用深灰色马克笔画出立方体的暗面，强化暗面与其他两个面的相交位置，留出反光位置，丰富暗面的过渡层次。

（4）用灰色马克笔画出立方体的灰面，强化灰面与亮面的交接处。

（5）用浅灰色马克笔画出物体亮面，用笔方向尽量与暗面错开，丰富过渡层次，将三个面的明暗关系区分开；用笔方向可以根据需要进行变换，如图2-2所示。

（6）用浅色马克笔画出亮面的投影效果，调整立方体整体关系。

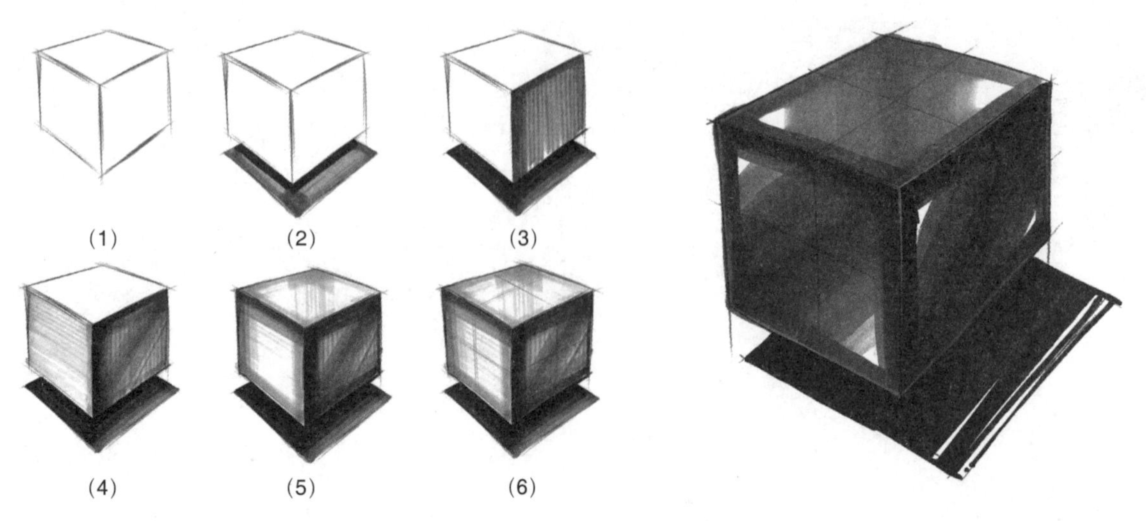

图 2-1　立方体的马克笔单色表现（1）

2）圆柱体的马克笔画法（图 2-3）

（1）先画出长方体，为接下来要画的圆柱体框定形体边界。

（2）根据既定位置，画出圆柱体和投影部分。

（3）依据光源的方向，用深色马克笔画出圆柱体投影后，再用深色马克笔画出圆柱体的明暗交界线，然后用灰色马克笔依次画出圆柱体的暗面、灰面和反光部分，将高光部分留出来。

（4）用浅色马克笔画出亮面的投影，根据圆柱体的形体走势，强化亮面与柱体的交界处，丰富过渡层次，最后对圆柱体进行整体的调整。

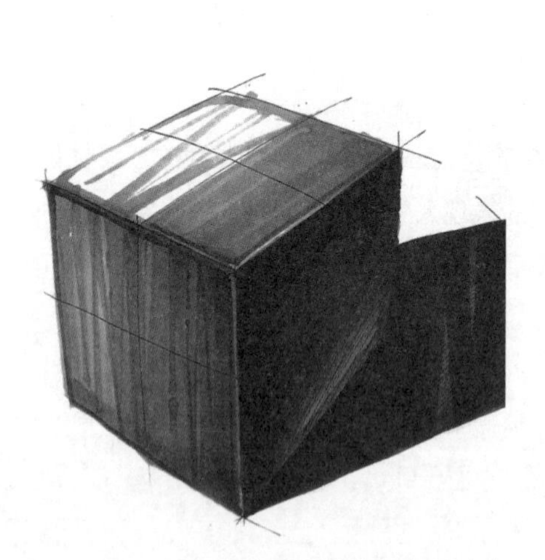

图 2-2　立方体的马克笔单色表现（2）

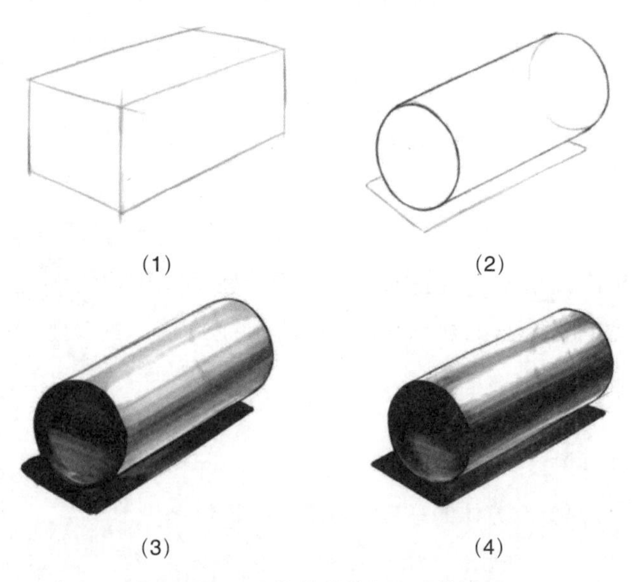

图 2-3　圆柱体的单色马克笔表现

3）球体的马克笔画法（图 2-4）

（1）画出正方体外框，然后在方框内画出内切圆，并以正方形底边作为椭圆的长边画出 45° 椭圆作为球的投影边界线。

（2）设定光源方向，用黑色马克笔画出球体的投影后，再用深色马克笔画出球体的明暗交界线，然后用灰色马克笔依次画出球体的暗面和灰面部分，将高光和反光部分留出来。

（3）用灰色马克笔画出立方体的灰面，强化灰面与亮面的交接处，丰富过渡层次。

(4) 用浅色马克笔画出亮面和反光面，最后对球体进行整体的调整。

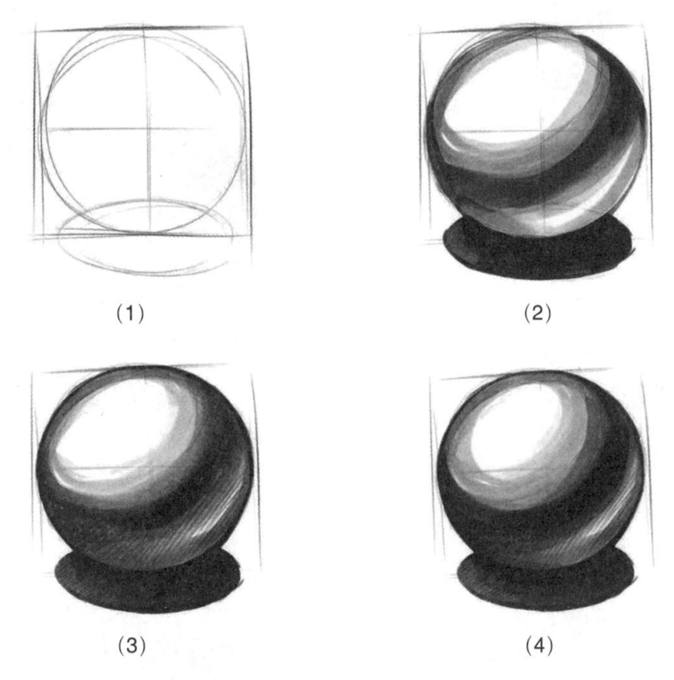

图 2-4　球体的单色马克笔表现

4）几何体在产品手绘中的应用（图 2-5）

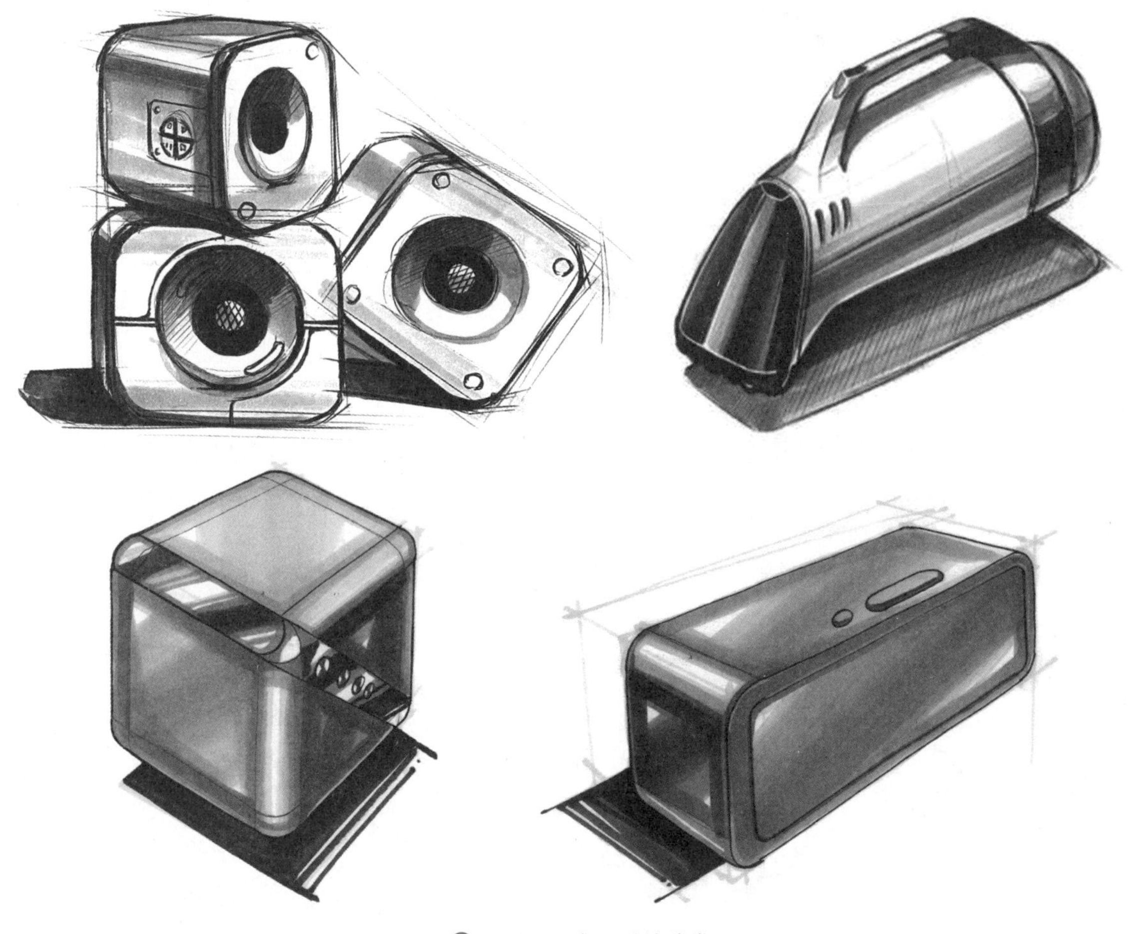

图 2-5　产品手绘欣赏

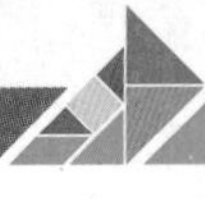

图 2-5（续）

2．穿插形体

在掌握了几种基础形体的表现方法后，描绘复杂的形体就比较容易上手。值得注意的是，在产品的快速手绘中，并非需要严格按照工程制图的方式进行绘制，只要将概念造型快速表达出来即可。

1）基本形体穿插原理

在工业产品设计中，不同形体的相互穿插是一种常见的结构形式，重点是了解形体与结构之间的相互关系，在注意透视规则的前提下，运用线条来进行表达。基本形体中，以圆柱体之间的相互穿插最为复杂。下面就以圆柱体之间的穿插表现为例进行分析。（图 2-6）

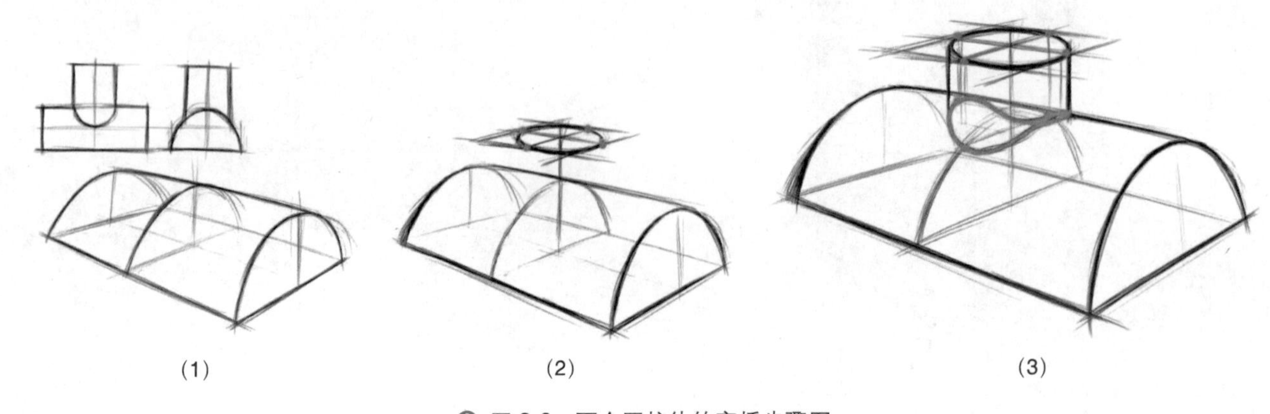

图 2-6　两个圆柱体的穿插步骤图

（1）首先绘制产品的两个视图，依据两点透视的规律绘制主体的半圆柱体的透视圆。

（2）在半圆柱体中线上方的延长线上，按透视规律绘制出穿插圆柱体的顶面，并标注椭圆的 4 个端点。

（3）通过顶端圆形的 4 个端点分别向半圆柱体投影得出 4 个交点，连接 4 个点绘制出圆柱体之间的交线，可以将其理解为一个平躺的“8”字形。

2）穿插形体实例（图 2-7）

在实际的产品设计中，穿插形态的产品必不可少，下面以绘制鼠标为例进行分析。

（1）在注意透视的前提下，绘制出鼠标的外形轮廓线。

（2）按透视比例关系，将鼠标按钮安插在形体中，细化每个小形体结构面，逐渐丰富细节。

（3）用深色马克笔画出鼠标的投影，再用深灰色马克笔画出鼠标的明暗交界线和鼠标的基本转折面，绘制出颜色，将高光部分留出来。

（4）用浅色马克笔画出鼠标亮面和投影，最后对鼠标进行整体的调整。再丰富过渡层次，强化形体。

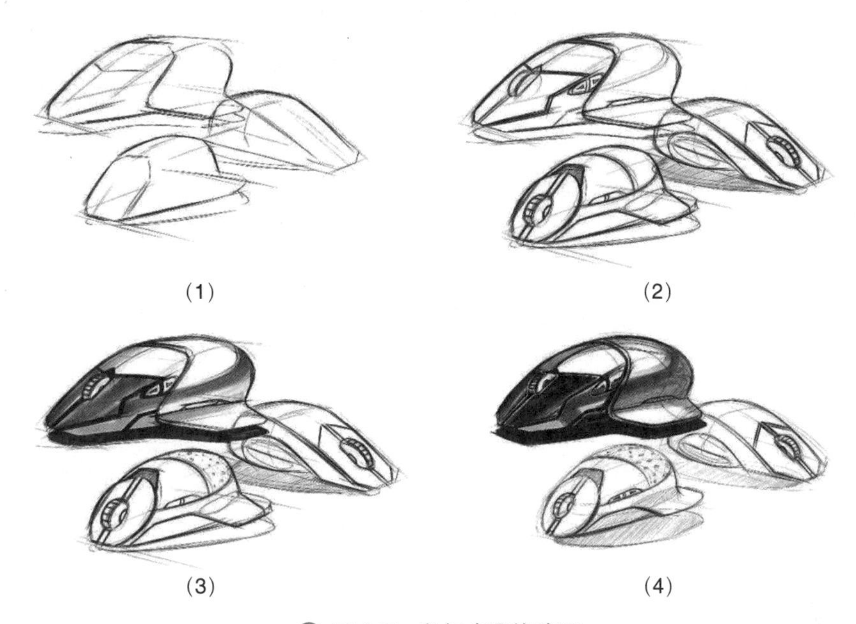

图 2-7　鼠标步骤线稿图

3）穿插形体在产品手绘中的应用（图 2-8）

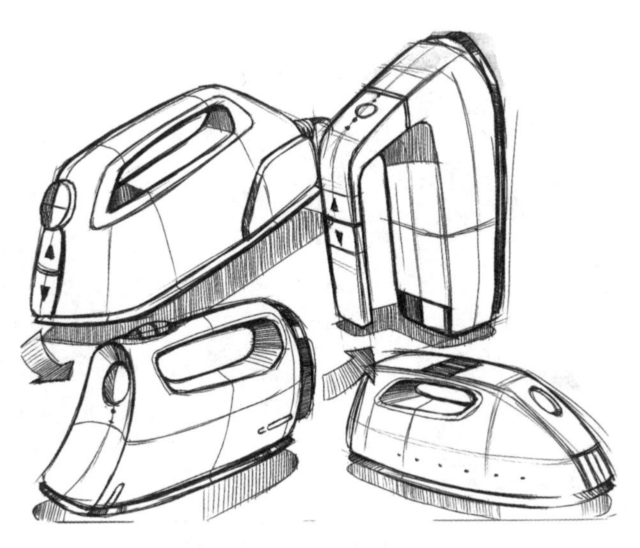

图 2-8　产品手绘欣赏

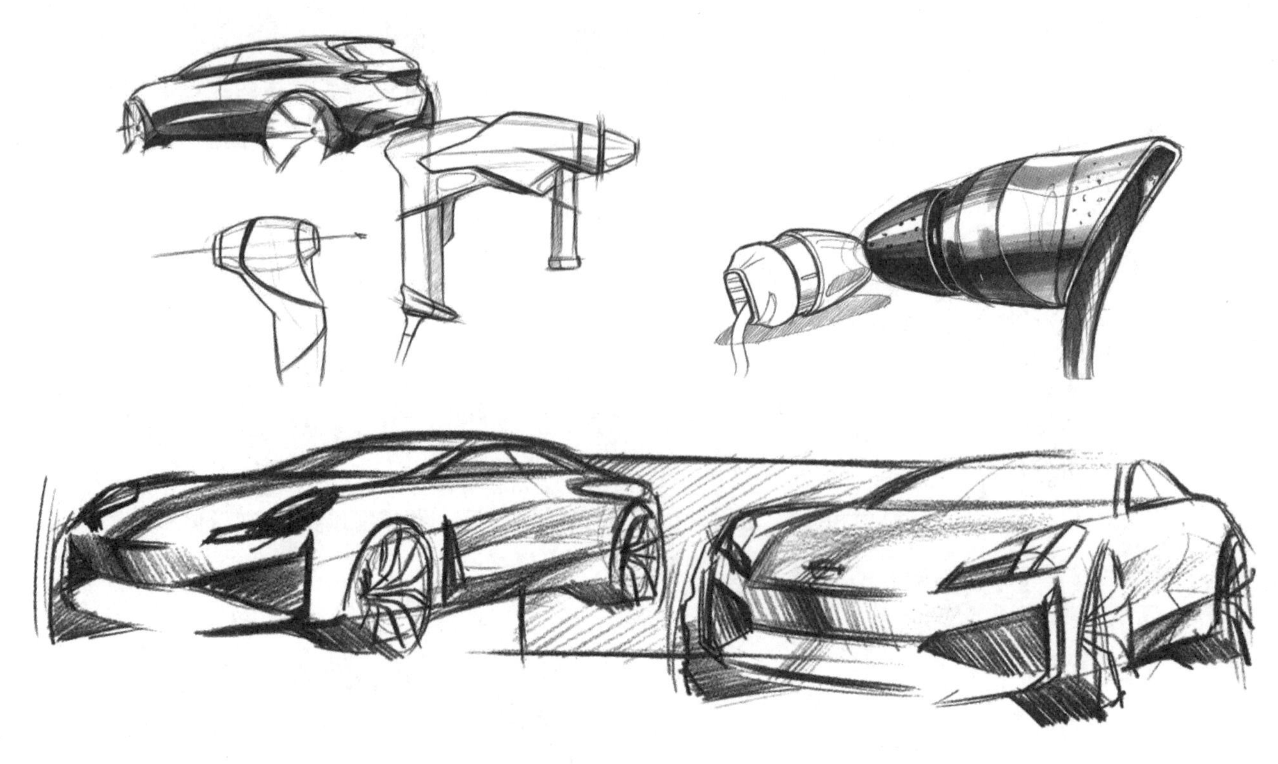

图 2-8（续）

2.1.2 单色产品的训练

产品线稿常用于工业产品设计过程中最具创造性的阶段。在绘制时，需要依据产品的外观选取一个透视角度，描绘出产品的大体轮廓和决定产品形体走势的线条，再根据产品的结构将产品的细节逐步完善。单色线稿着重通过光线和明暗关系，将产品的结构和形体轮廓清晰地表达出来。

建议初学者可以先用画方体的方法去寻找产品的形体关系。有一定基础的人可以直接定点画，每画一个结构前，都要先拿笔悬空寻找形体的感觉。感觉对了就果断下笔，这样可以避免起形不准的情况。注意转折结构处线条的衔接，尽量看上去是一条流畅的线。（图 2-9）

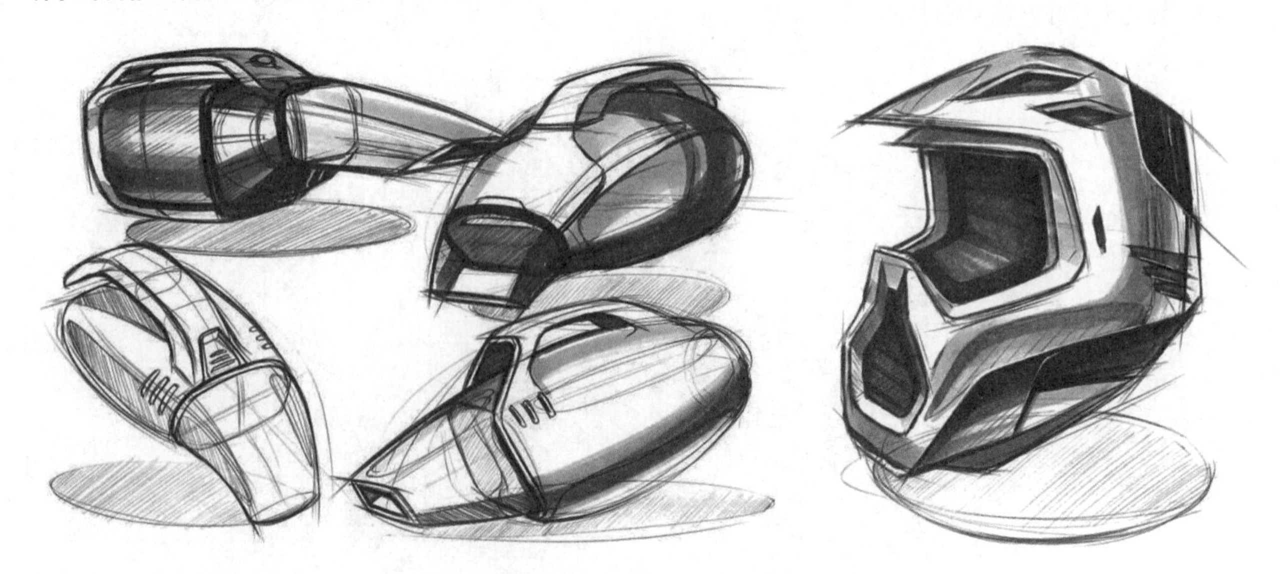

图 2-9　单色马克笔产品线稿欣赏

1. 音箱

用马克笔绘制单色音箱的方法如图 2-10 所示。

(1) 用两点透视的方法，先画出一个类似方体的基本形体。注意比例与透视关系，将产品的细节部分大致绘制出来。

(2) 用深色马克笔画出音箱的投影，再用深灰色马克笔绘制音箱的转折面，使形体更加立体。

(3) 用灰色马克笔画出立方体的灰面。随着音箱形体走向逐渐向亮面部位过渡绘制，强化灰面与亮面的交接处，将三个面的明暗关系区分开。

(4) 整体调整形体关系，让形体的转折更清晰，增强产品的立体感。

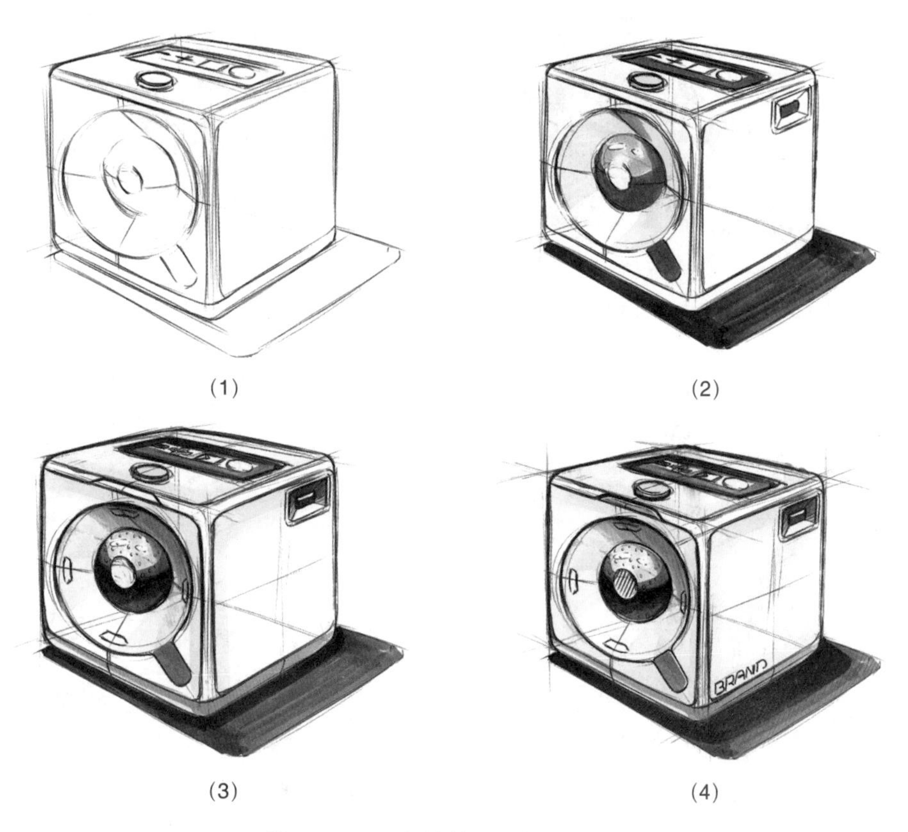

(1)　(2)

(3)　(4)

图 2-10　音箱单色马克笔步骤图

2. 吸尘器

单色吸尘器的马克笔绘制方法如图 2-11 所示。

(1) 分析吸尘器每个部分结构的比例关系，定点起稿，画出吸尘器的大体轮廓线，并根据结构细化线稿。

(2) 确定光源方向，用深色马克笔画出吸尘器的明暗交界线，确定转折面，使形体更加立体。

(3) 用灰色马克笔逐渐向亮面过渡绘制，强化灰面与亮面的交界处。

(4) 用浅色马克笔画出亮面的投影，根据吸尘器的形体走势强化亮面，丰富过渡层次，最后进行整体的调整。

3. 摄像头

单色摄像头的马克笔绘制方法如图 2-12 所示。

(1) 选取好产品的透视角度，用曲线画出摄像头的大致形体轮廓。逐步刻画细节，随着摄像头的形体走向绘制出产品的细节。

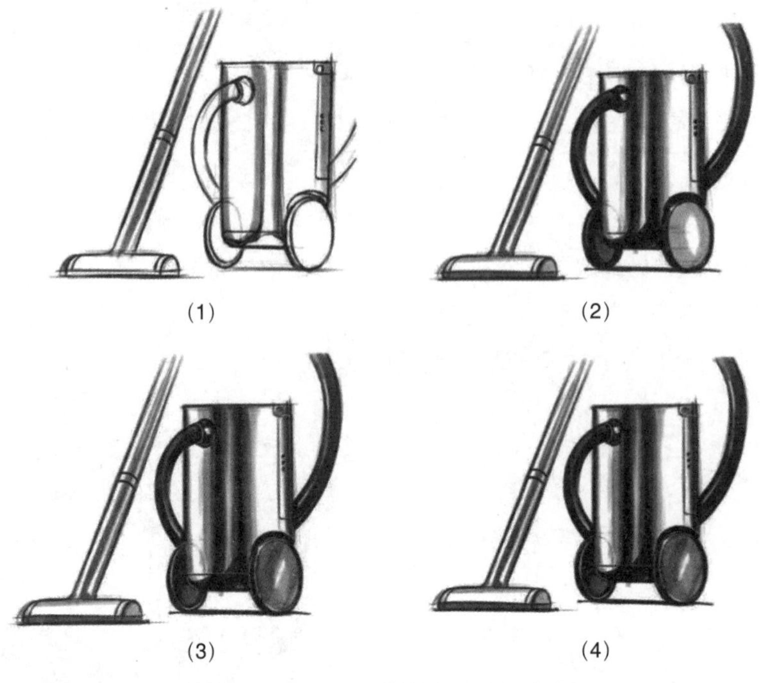

图 2-11 吸尘器单色马克笔步骤图

（2）设定光源方向，用深色马克笔画出摄像头的投影和明暗交界线，然后用灰色马克笔依次画出球体的暗面、灰面和反光部分，将高光部分留出来。

（3）用灰色马克笔画出产品的层次感，强化暗面与亮面的过渡，丰富过渡层次，用浅色马克笔画出亮面的投影，使形体的转折更清晰。

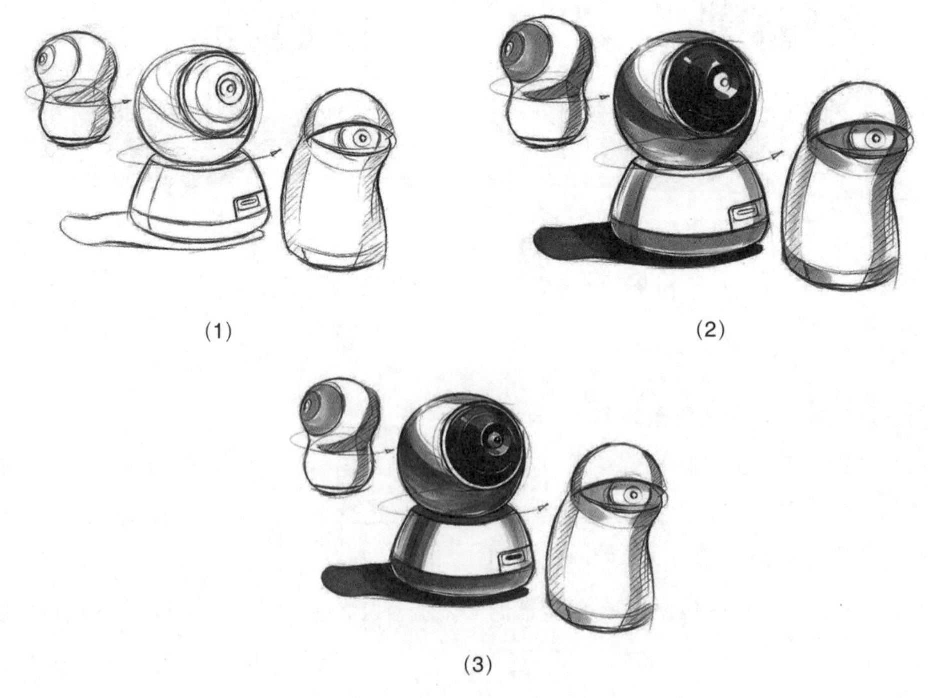

图 2-12 摄像头单色马克笔步骤图

4．手电筒

单色手电筒的马克笔绘制方法如图 2-13 所示。

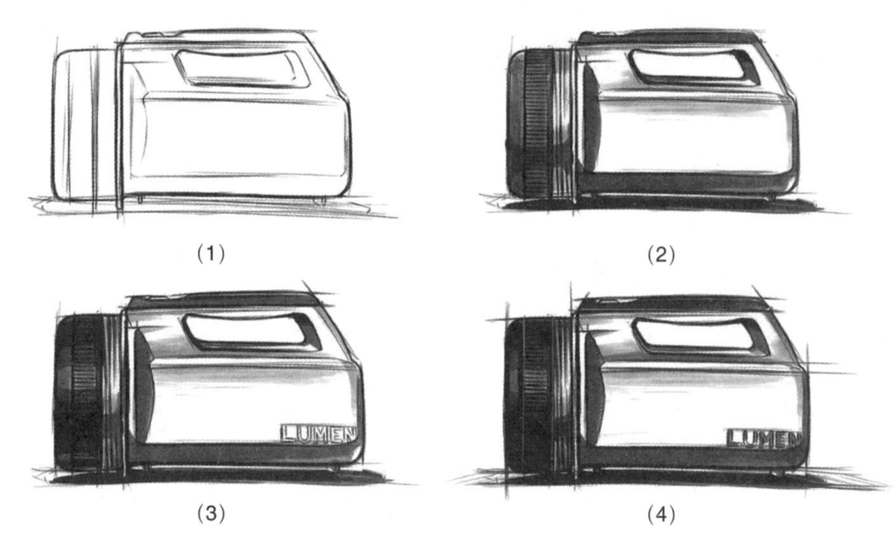

图 2-13　手电筒单色马克笔步骤图

（1）按照比例先画出一个类似圆柱的基本形体，确定线条，根据透视将把手也画上。大的轮廓定下来以后，再对细节进行刻画。

（2）用深色马克笔画出手电筒的投影，再用深灰色马克笔绘制音箱的转折面，用灰色马克笔画出手电筒的灰面和反光面，使形体更加立体。

（3）深化手电筒的明暗交界线和暗面，随着音箱形体走向逐渐向亮面部位过渡绘制，强化灰面与亮面的交接处，将三个面的明暗关系区分开。

（4）整体调整。丰富过渡层次，刻画手电筒细节，使形体的转折更清晰，增强产品的立体感。

5．单色产品手绘训练案例

单色马克笔在产品绘制中的训练案例欣赏如图 2-14 所示。

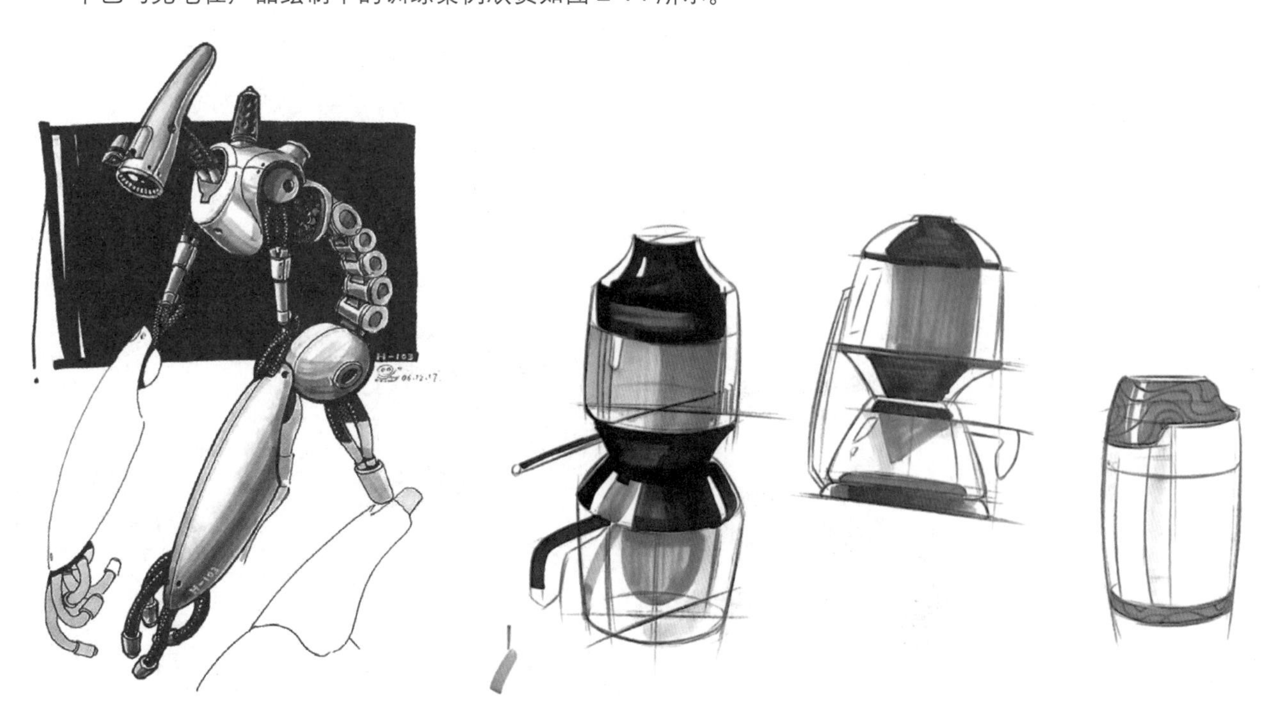

图 2-14　单色手绘欣赏

2.2 材质表现训练

设计表现技法必须遵循准确传达产品信息的原则，这也包括对不同材料质感的准确表达。通过对材料质感的表现，可以将物体的真实质感直接反映出来。对物体材质的表现不是对实物的完全再现，而是通过提取不同材质的典型特征，来表达设计者所要体现的材质特点。

材料的质感和产品的造型是紧密连接在一起的，在二维形态无法展现产品的三维形体造型时，往往需要通过增强产品表面材质的光影变化，来清晰地表现出产品的真实感，弥补二维造型的不足。要使材料的质感与肌理特征得到有效的表现，关键在于对各种材料质感特点的了解，知道如何运用不同材质的肌理特征以及环境色等进行质感的刻画。

在进行材质的手绘表现中，根据不同材料的反光和透光特性来进行材质的手绘表现，是有一定的规律可以遵循的。下面针对不同材料的质感表现特点做简要的介绍。

2.2.1 高反光材质的表现

1. 透明材料

透明材料主要有普通玻璃、透明的有机玻璃和聚苯乙烯塑料等，在生活中能经常见到。这类材料具有反光和透光同时存在物体上的特点。如高脚杯、茶杯等受环境影响很大，通透性强，材料随光影的变化可以产生丰富的色彩效果。在表现时，要注意物体本身和物与物之间的色彩对比。

1）透明材质的表现要点

透明材质在手绘材质表现中较有特色。将透明物体放在某个环境之中进行表现时，要适当描绘能看到的物体内部的内容，或者是其背后的内容。当然，由于透明物体表面会有反射光和受周围环境光线的影响，透明度也会有所减弱。反射的光越弱，所反射的周围环境就会越模糊。物体对光的折射性主要体现在曲面透明材质中，通过物体观察背景时会发现物体有发生变形的现象。

在玻璃材质不均匀的地方，如杯底等位置，会有反光，一般表现为黑色。黑色随着外壳厚度的变化而变化，表现时需注意。另外，由于玻璃有晶莹剔透的质感，在玻璃材质的边缘，如杯口和杯体，会有强烈的高光。玻璃或者其他透明材质都是有厚度的，所以在表现时可用细的双线表示。光线通过透明物体时只在平面上投射出物体的轮廓，因此透明物体的表现只需绘制出其轮廓即可，可以用马克笔 W5 绘制，颜色不可过深。（图 2-15）

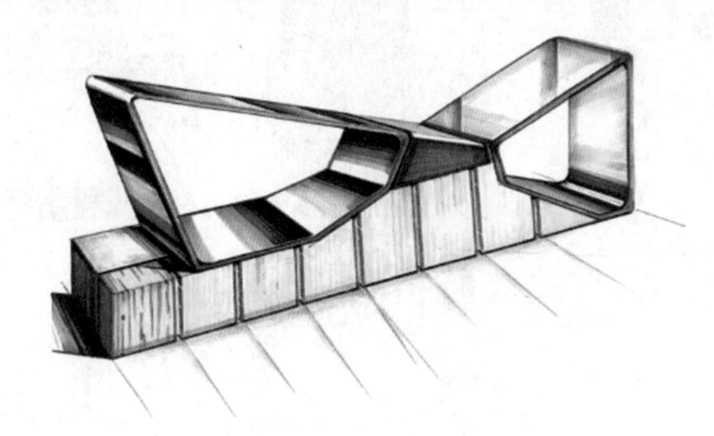

图 2-15 玻璃材质表现欣赏

2）玻璃材质实例表现

下面以香水玻璃瓶为例，解析玻璃材质产品的表现方法。（图2-16）

（1）用黑色彩铅绘出香水玻璃瓶的轮廓线。

（2）找出明暗交界线，用最浅颜色的马克笔简单地带出暗面和灰面。找准香水在瓶中的位置，使用同样的方法绘制明暗交界线。

（3）在瓶形结构转折处，用深色马克笔强调明暗交界线，并加深香水的表层面。注意，透过玻璃瓶所体现出来的香水表层面，会因瓶形的转折面而呈现深浅不一的特点。

（4）进一步增强明暗对比，用铅笔加深香水玻璃瓶的形体变化，然后用高光笔在局部位置提高光线或高光点，以便表现出香水瓶玻璃材质的整体质感。

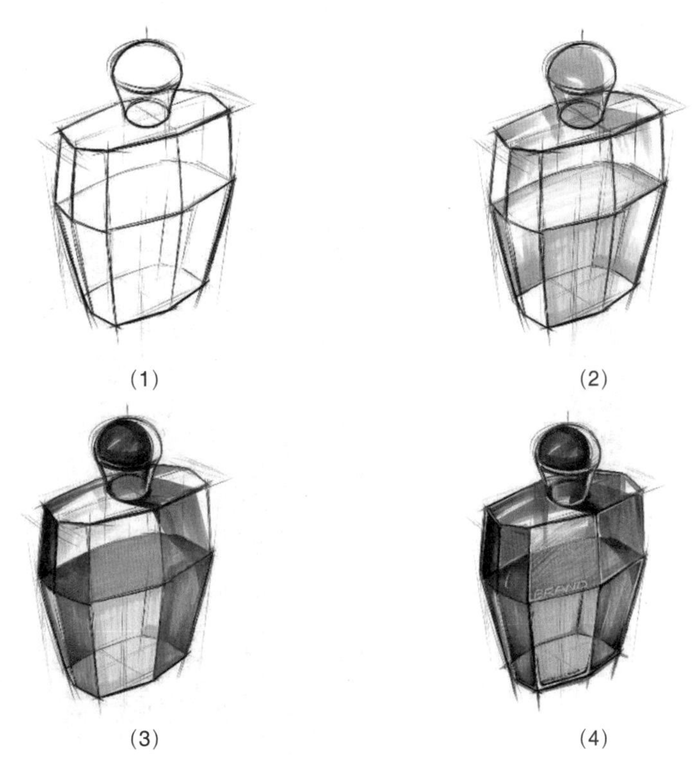

(1) (2)

(3) (4)

图2-16 香水玻璃瓶步骤图

3）玻璃材质在产品设计手绘中的应用

经过前面步骤图的练习，下面给出一些可供学习临摹的玻璃材质的案例，如图2-17所示。

2．不透明金属材质

金属材质的产品在日常生活中随处可见，大到工程器械，小到针、钉等。金属材质具有质地坚硬，外观富有光泽感，具有强反光的特性。

1）金属材质的表现要点

金属材质是一种质地细腻的高反光材料，在光线的照射下，明暗对比强烈，且反光部分受环境影响很大。在马克笔表现上要适当夸张一下对比效果和环境光。在表现时，需要先用深色马克笔画出明暗交界线和反光部分，然后用同色系的浅色马克笔画出灰面过渡，接着用白色提亮高光部分，最后加深深色反光作为强调。注意明暗交界处要留出空白作为高反光面，且马克笔的笔触应整齐平整，金属材质反光部分的边缘线要清晰、流畅。（图2-18）

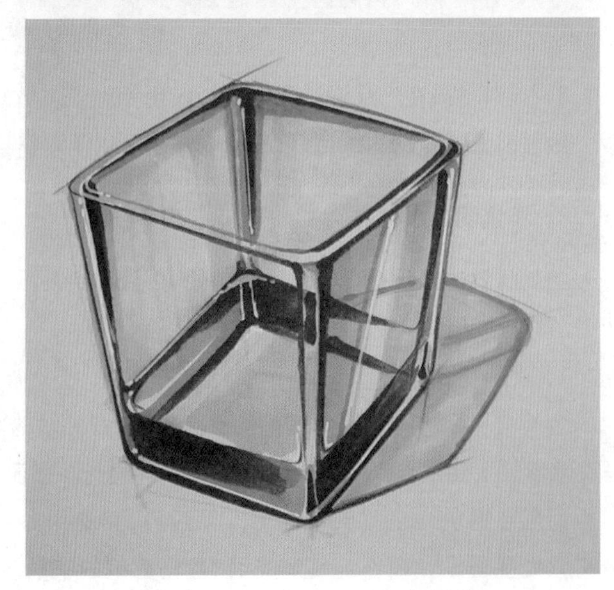

图 2-17　玻璃材质产品欣赏

图　2-17（续）

图 2-18　金属材质案例

2）金属材质实例表现

下面以金属锅为例，解析金属材质产品的绘制方法。（图 2-19）

（1）用黑色彩铅绘制出金属锅的造型。

（2）设定光影方向，根据对金属材质特性的了解，找出明暗交界线，用灰色马克笔画出暗面、灰面和阴影。

（3）用黑色马克笔加深金属锅的明暗交界线和暗面，增强金属产品的对比。

（4）用深灰色马克笔在暗面和亮面之间过渡，进一步画出产品的金属质感。

（5）用高光笔在棱边勾出高光，进一步提升金属质感，然后加深阴影，烘托空间的层次感。

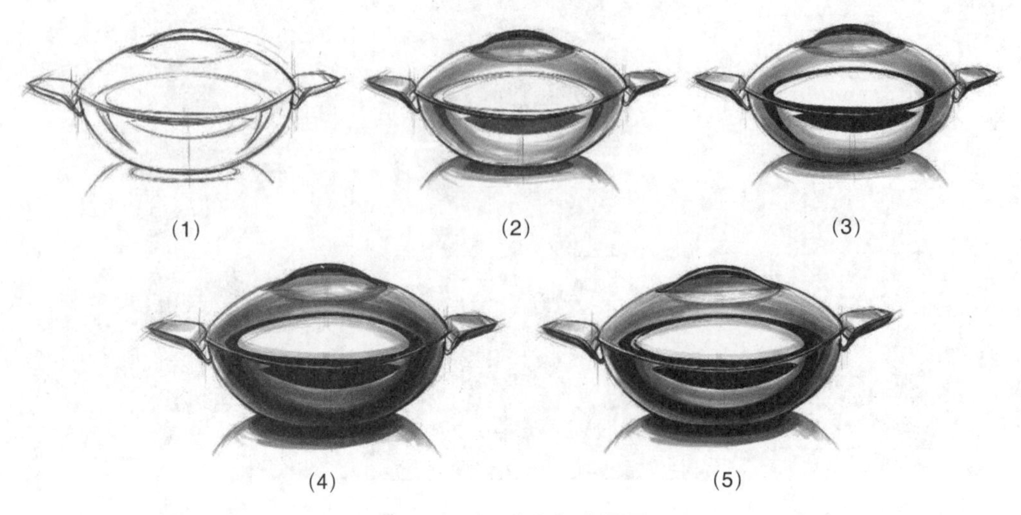

图 2-19　金属锅步骤图

3）金属材质在产品设计手绘中的应用

经过前面步骤图的练习，下面给出一些可供学习临摹的金属材质的案例，如图 2-20 所示。

图 2-20　金属材质产品欣赏

2.2.2　低反光材质的表现

1．塑料材质

塑料在人们的日常生活中随处可见。这种人工合成材料不仅极大地丰富了人们的物质生活，也潜移默化地影响着人们的消费观念。塑料材质具有极强的可塑性。塑料制品也在工业产品中占有很大的比例，如电饭煲、按摩仪等家电产品，在经过表面处理后具有光滑的质感。

1）塑料材质的表现要点

在产品手绘表现中，一般将塑料材质分为光泽塑料和亚光塑料，表面给人的感觉较为温和，明暗反差没有金属那么强烈。光泽塑料的特点是反光较为强烈，着色时需要快速上色，必要时暗部留白。亚光塑料明暗对比弱，高光和反光较弱，上色时需要均匀着色。一般情况下高光可以用白色铅笔轻轻画在表面，形成笔触的感觉。图 2-21 所示是一些塑料材质的应用。

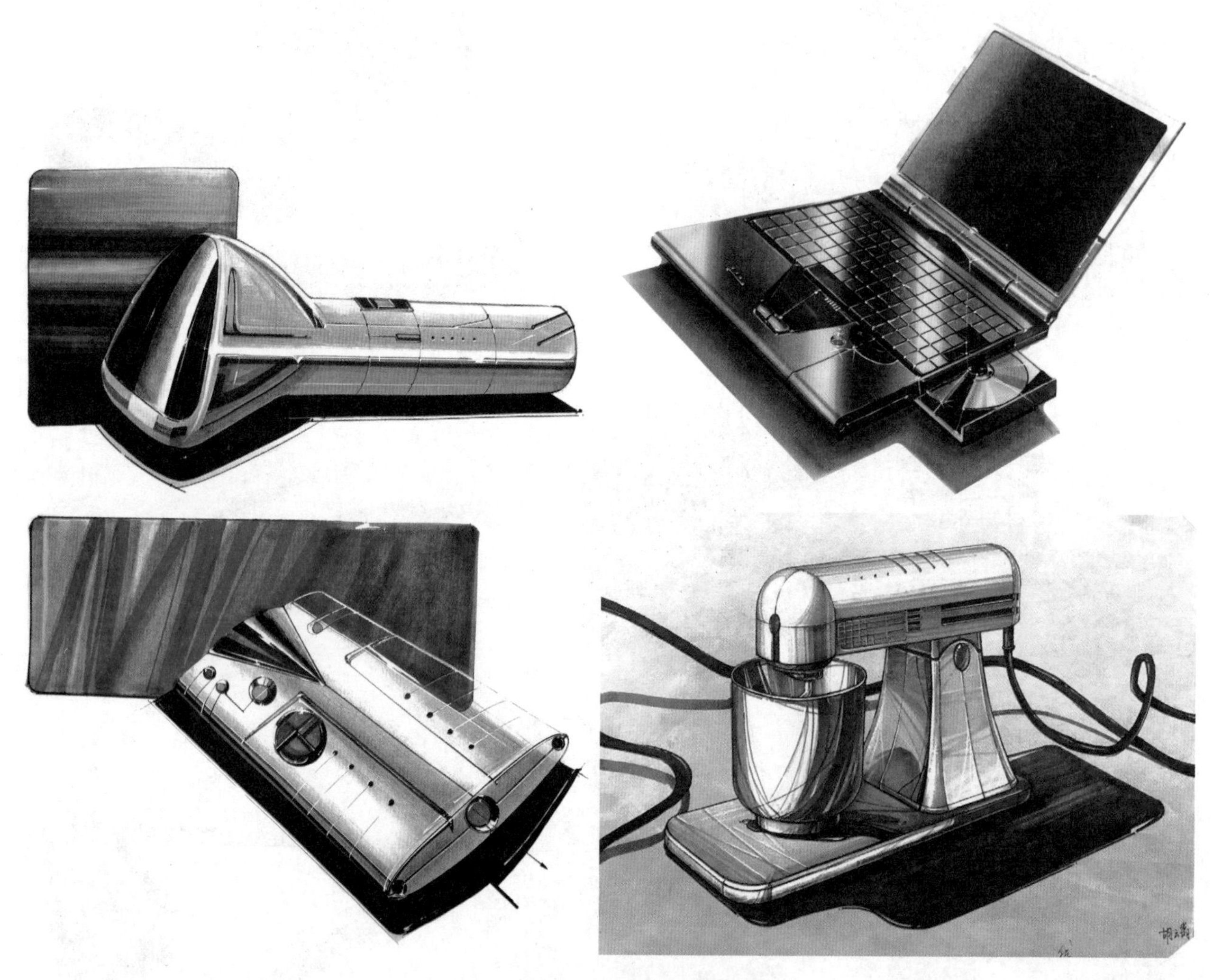

图 2-21　塑料材质的应用

2）塑料材质实例表现

下面以头盔为例，解析塑料材质产品的表现方法。(图 2-22)

(1) 用黑色彩铅绘制出头盔的大体轮廓和结构细节。

(2) 用绿色马克笔给产品着色，用深灰色马克笔画出头盔的暗面。

(3) 用较深的绿色马克笔继续深化头盔的暗面和灰面，画出头盔的体积感，突出转折面效果。

(4) 用相同颜色的马克笔随形体加强头盔的固有色，着重加深形体的转折面，然后用高光笔表现头盔转折面的反光。

3）塑料材质在产品设计手绘中的应用

经过前面步骤图的练习，下面给出一些可供学习临摹的塑料材质的案例，如图 2-23 所示。

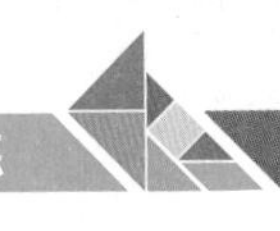

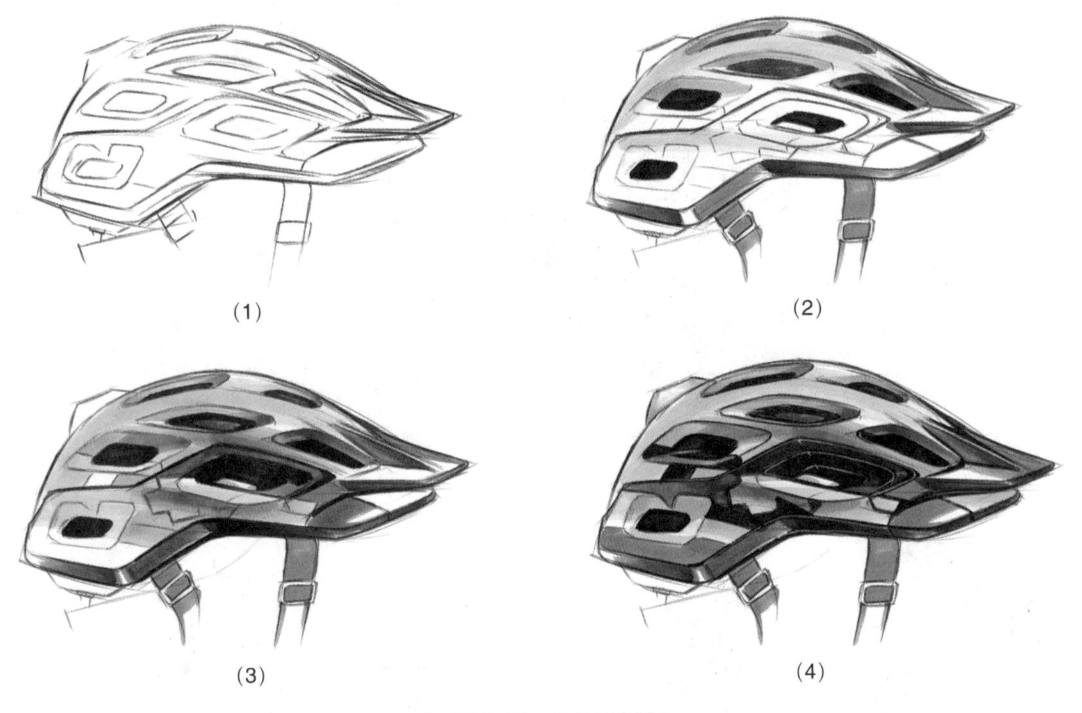

(1)　(2)

(3)　(4)

图 2-22　头盔步骤图

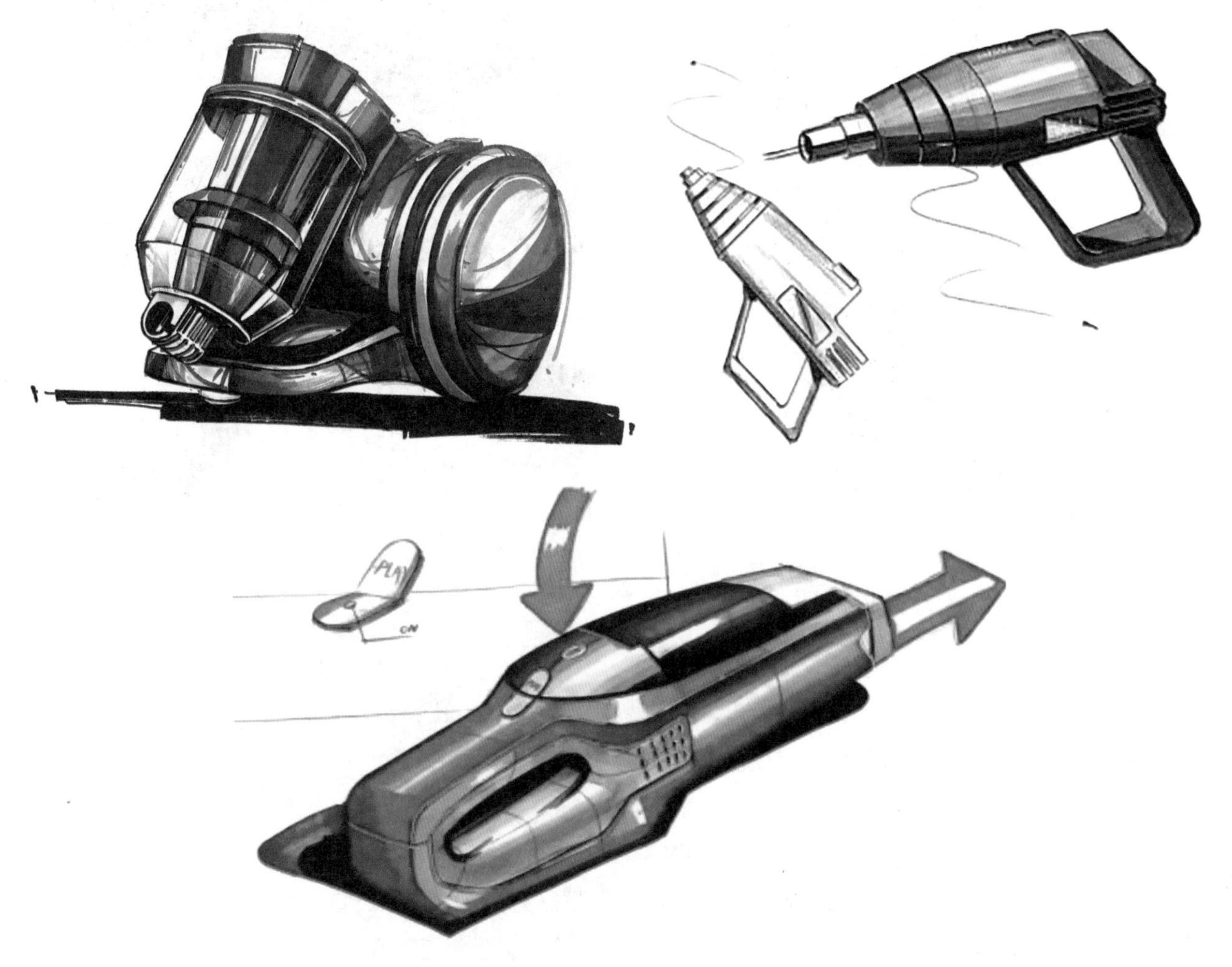

图 2-23　塑料材质产品欣赏

图 2-23（续）

2．木材

木材是传统的设计材料，自古以来就被用于制作家具和生活器具，其天然的纹理和颜色具有很高的美学价值。目前市面上除了原木产品外，仿木纹材质也被大量用在产品设计中。

1）木纹材质的表现要点

不同的木材有不同的纹理，在产品设计手绘中，需要了解木纹变化的规律。先正确表达物体的光影效果，然后在此基础上描绘纹路。从木材的横截面上看，木纹由内向外，是以不规则的同心圆形式扩散的；从木材的斜截面来看，木纹呈现波段形态；从竖截面来看，呈现直条纹形态。木材经过表面涂漆处理后，具有反光效果。（图 2-24）

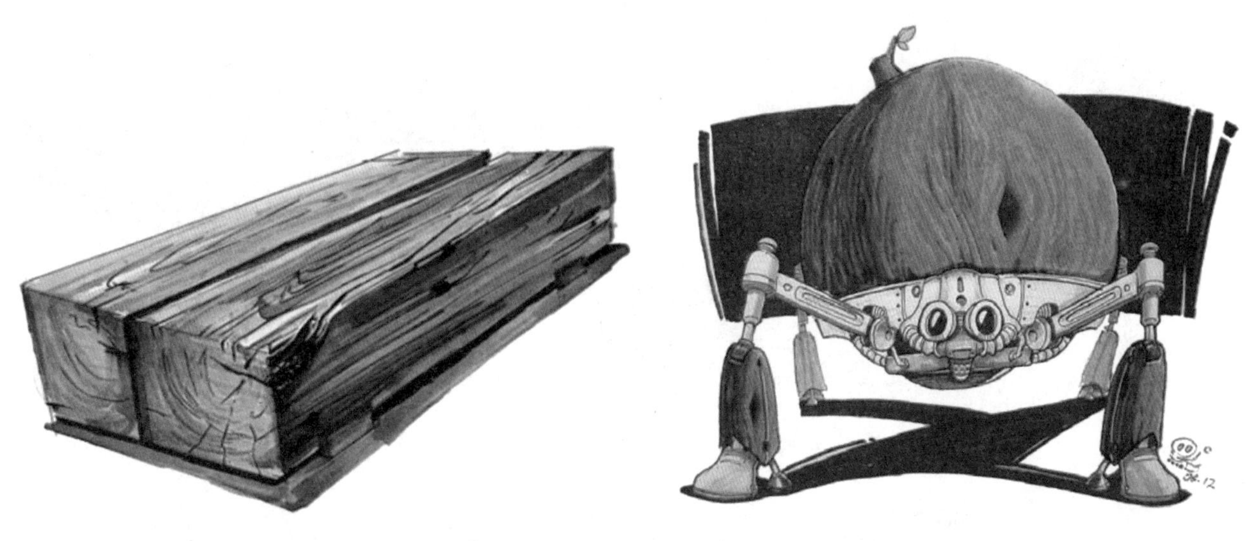

图 2-24 木纹材质的表现要点

2）木纹材质实例表现

下面以木质水壶为例，解析木纹材质产品的表现方法。（图 2-25）

（1）首先绘制水壶产品的线稿。

（2）在这里先设定木纹材质的扣件，用黄色马克笔进行着色，然后用深灰色马克笔绘制产品的金属材质。

（3）加深木纹的固有色，深化金属材质的暗面和灰面。

（4）通过对前面木纹的理解，用彩铅绘制木纹走向并加深形体转折效果。

（5）刻画水壶不同部位的肌理效果，完成效果表现。

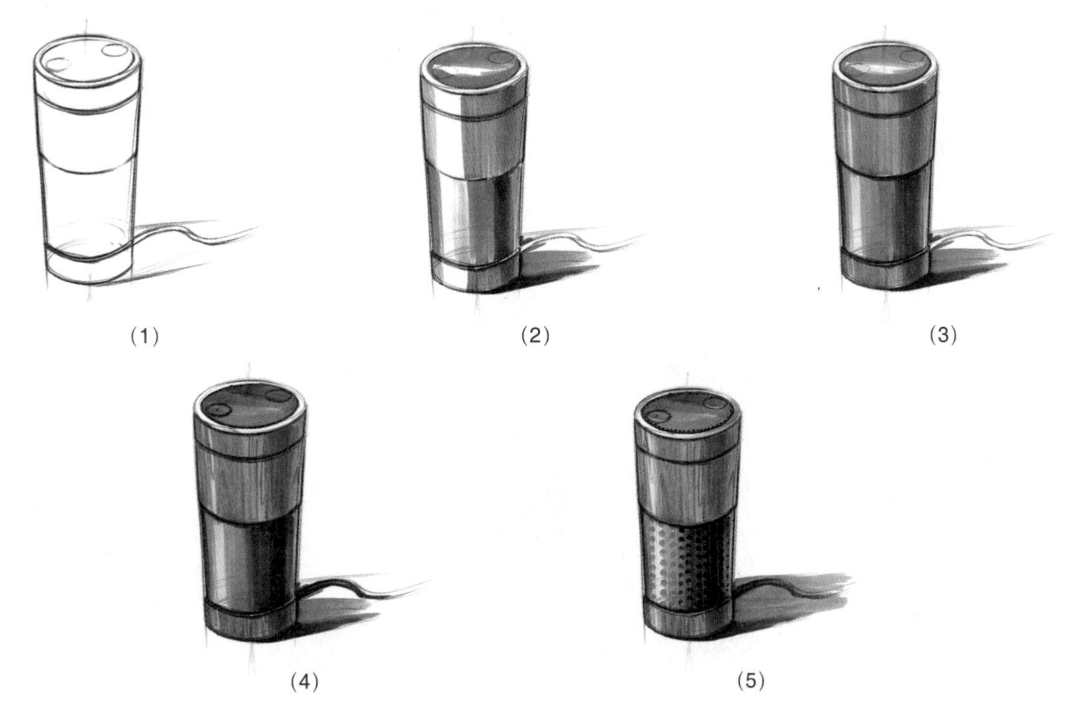

图 2-25 水壶步骤

3）木纹材质在产品设计手绘中的应用

经过前面步骤图的练习，下面给出一些可供学习临摹的木纹材质的案例，如图 2-26 所示。

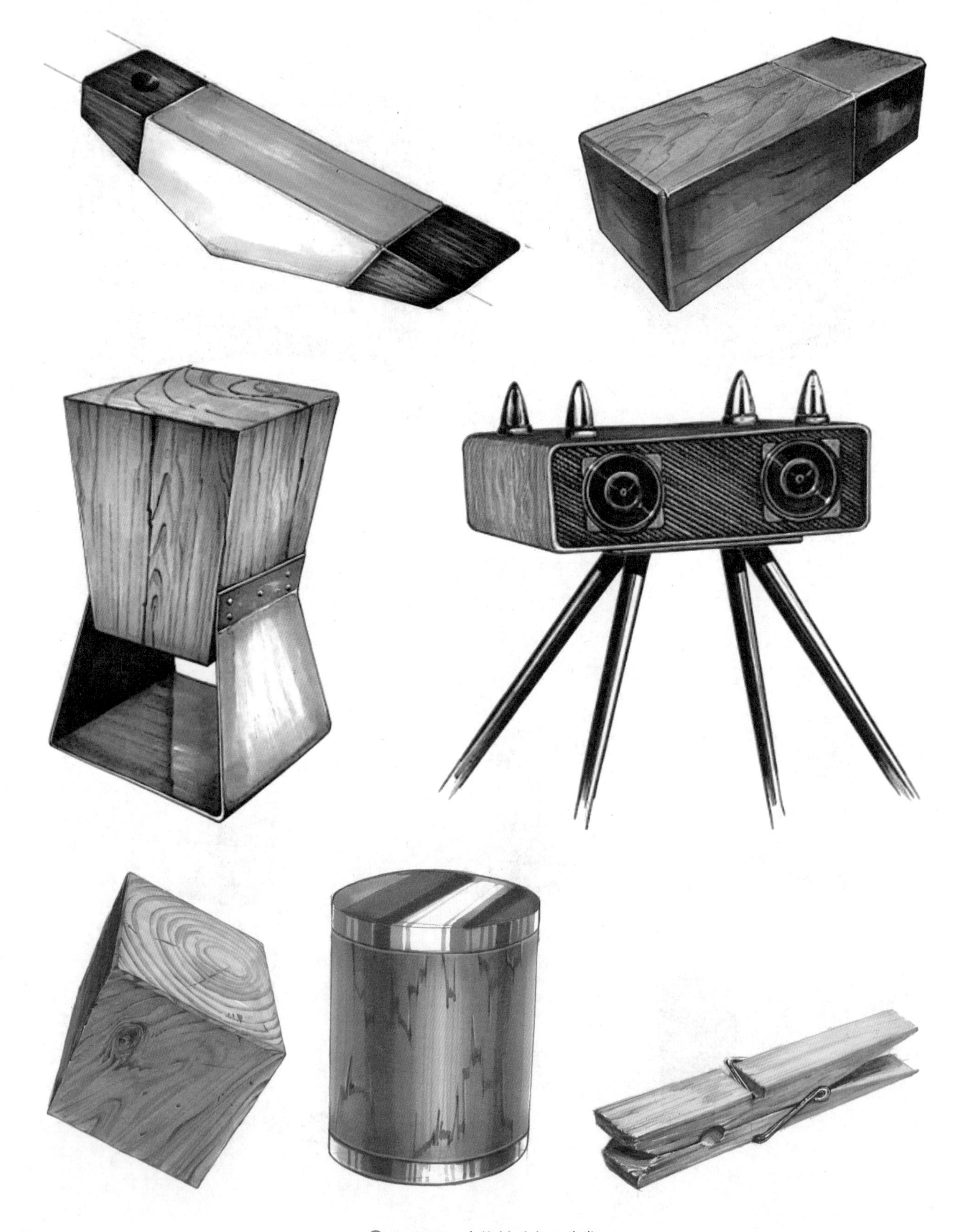

图 2-26　木纹材质产品欣赏

图　2-26（续）

3．皮革材质

皮革材质经过人工处理后，其表面具有不同形状的纹理，多用于生活用品，如皮包、皮椅等，是一种较为常见的设计用材料。

1）皮革材质的表现要点

在绘制皮革材质时，除了皮纹之外，缝制的缝线是体现皮革质感的重要表现细节。皮革从光泽度上分为光泽性皮革和亚光性皮革。表现光泽性皮革时，应快速润色，块面要分明，且结构清晰，线条挺拔、明确，明暗对比强烈。在表现哑光性皮革时，要注意着色均匀、湿润，线条要流畅，明暗对比要相对柔和。（图 2-27）

2）皮革材质实例表现

下面以运动鞋为例，解析皮革材质产品的表现方法，如图 2-28 所示。

（1）在有正确透视构图的前提下，用铅笔绘出运动鞋的大致轮廓。

（2）在大致轮廓的形体上用铅笔进一步画出运动鞋的线稿细节。

（3）运动鞋的形体比较饱满，随着形体的走势，用灰色马克笔将鞋的暗面区分出来，再用蓝色绘制出运动鞋的基本色调。

（4）用同色系更深一号的马克笔来加深运动鞋的暗面和灰面。

（5）通过对前面皮革材质特性的理解，绘制出皮革的纹理，并加深形体转折效果。

（6）刻画运动鞋的细节，用白色绘制出表面的高光，使运动鞋的皮革质感更加精致。

图 2-27　皮革材质的表现要点

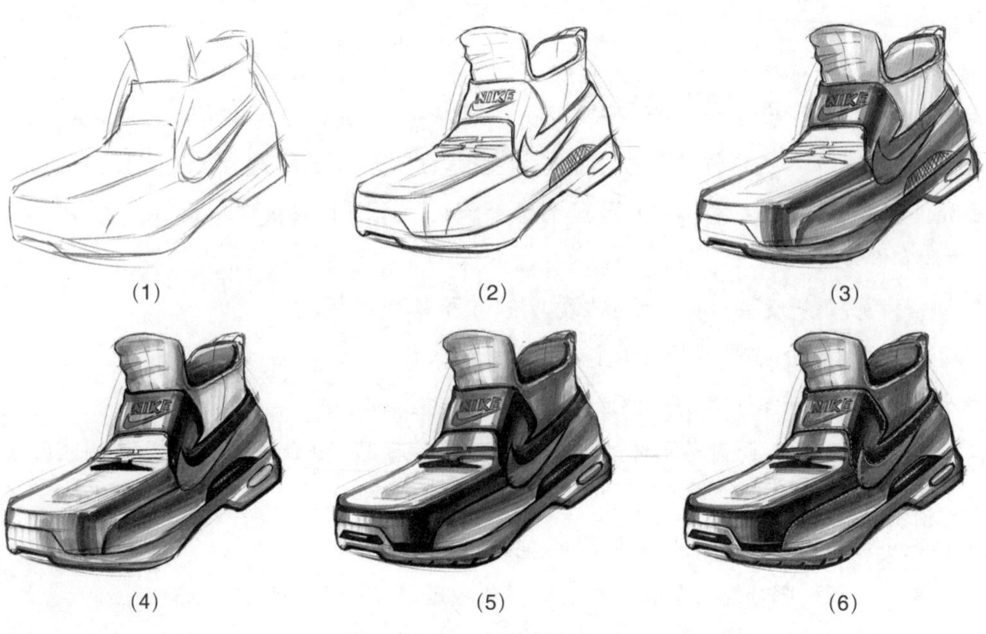

图 2-28　运动鞋步骤图

3）皮革材质在产品设计手绘中的应用

经过前面步骤图的练习，下面给出一些可供学习临摹的皮革材质的案例，如图 2-29 所示。

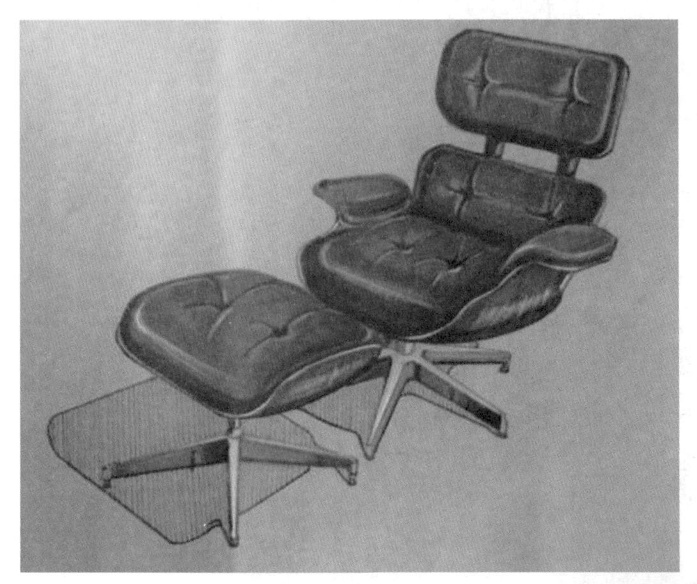

图 2-29　皮革材质产品欣赏

图 2-29（续）

4．其他材质

除了上述几种常用的材料之外，还有很多生活中时常会遇见的材料（图 2-30）。对这些材料的表现，工夫要下在画外。要注意观察这些材料的特性，在表现时，要力图简单明了，突出效果。要寻求这些材料表现的规律，多体会，多练习。

图 2-30　其他材质表现欣赏

图　2-30（续）

2.3　草图的表现技法

在实际学习过程中，初学者可以从确定产品形体大轮廓开始着手，按照从主到次、从上到下、从左到右、先整体后局部的顺序进行绘画。上色可以从明暗交界线开始，先画暗部、投影，再表现细节，最后画亮部，再添加背景。通过颜色的叠加可以实现不同层次和色系的颜色变化，通常亮部颜色表现的是产品的固有色。

设计草图的表现并没有一定的方圆之规，在实际的设计中，针对不同产品可以选择不同的技法进行表现，以达到准确快速地体现设计构思的目的。无论运用何种工具和技法，只要能把自己的意图真实、准确地记录并传达出来即可。

因此，绘图时首先明确草图的主题内容，如家居类产品、3C 产品、交通工具或大型机械类产品等，然后用直线确定产品的比例和轮廓，再将产品的基本形体进行概括性刻画，比如对产品草图的基本形体进行大体的概括，将各个形体之间的衔接和转折关系用线条表现出来；草图的基本形体关系已经呈现出来之后，再用流畅的弧线在倒角和曲面处进行连接，同时注意对产品的结构进行细节刻画。

设计草图一般有线稿草图表现和马克笔快速表现两种形式，本节分别提供如下这两种草图表现的范例，供初学者参考练习。

2.3.1　线稿草图表现范例

通过线稿的练习，可以进一步提高初学者使用黑色彩铅绘图的熟练度，以及对于产品透视的分析与理解，这也是整个产品手绘中基础而重要的环节。初学者务必要重视线稿草图的练习，做到随时可以用线稿草图来快速表达设计想法。下面是一些优秀的线稿草图表现范例，如图 2-31 所示。

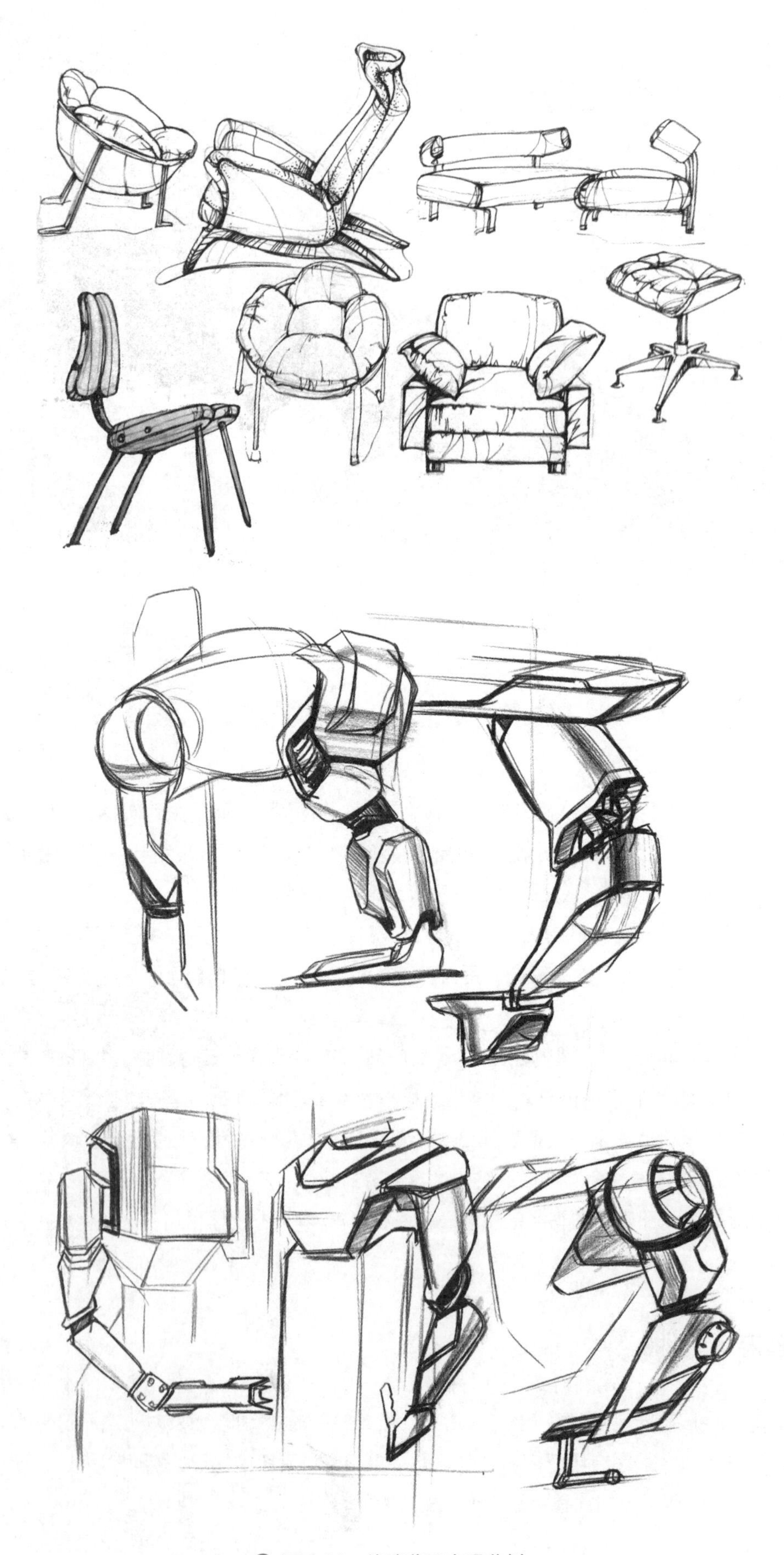

图 2-31　线稿草图表现范例

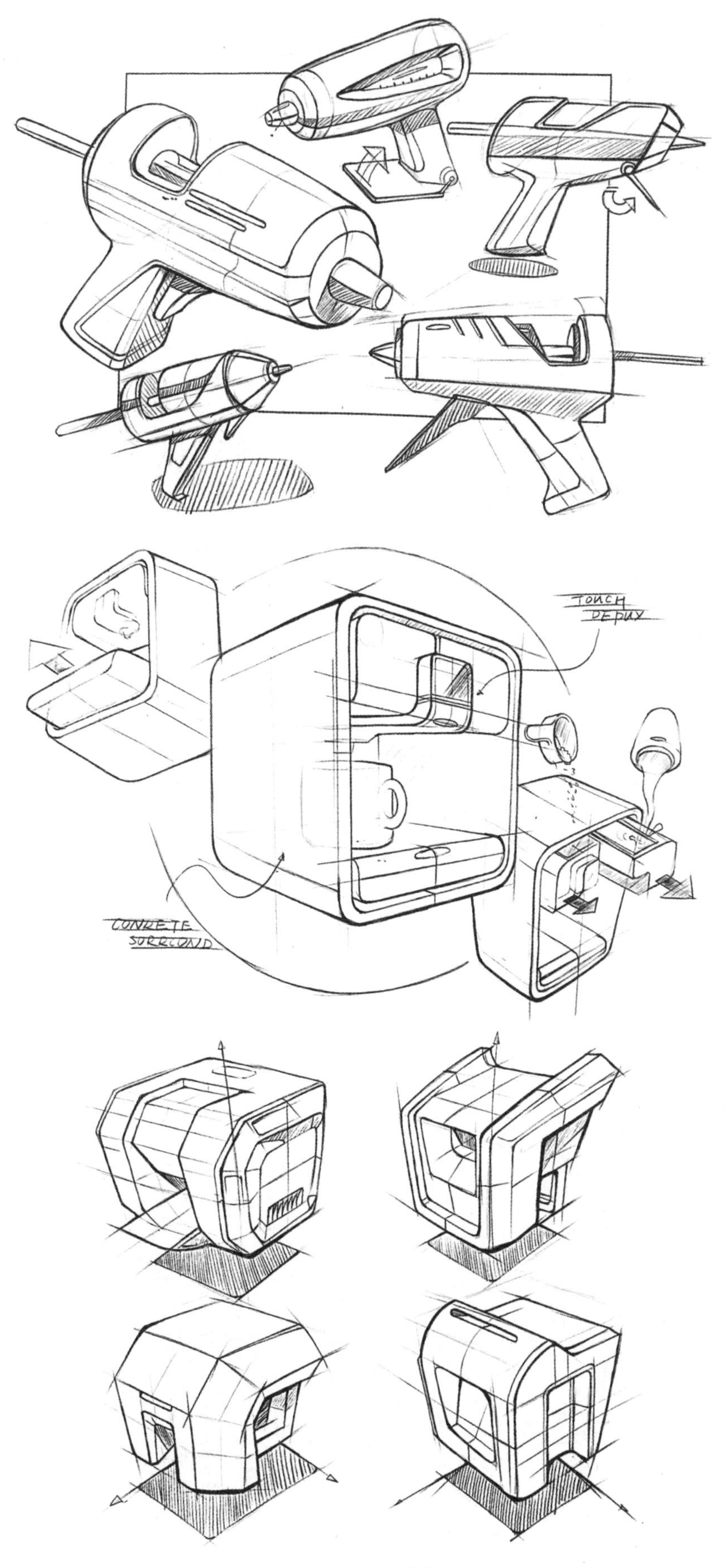

图　2-31（续）

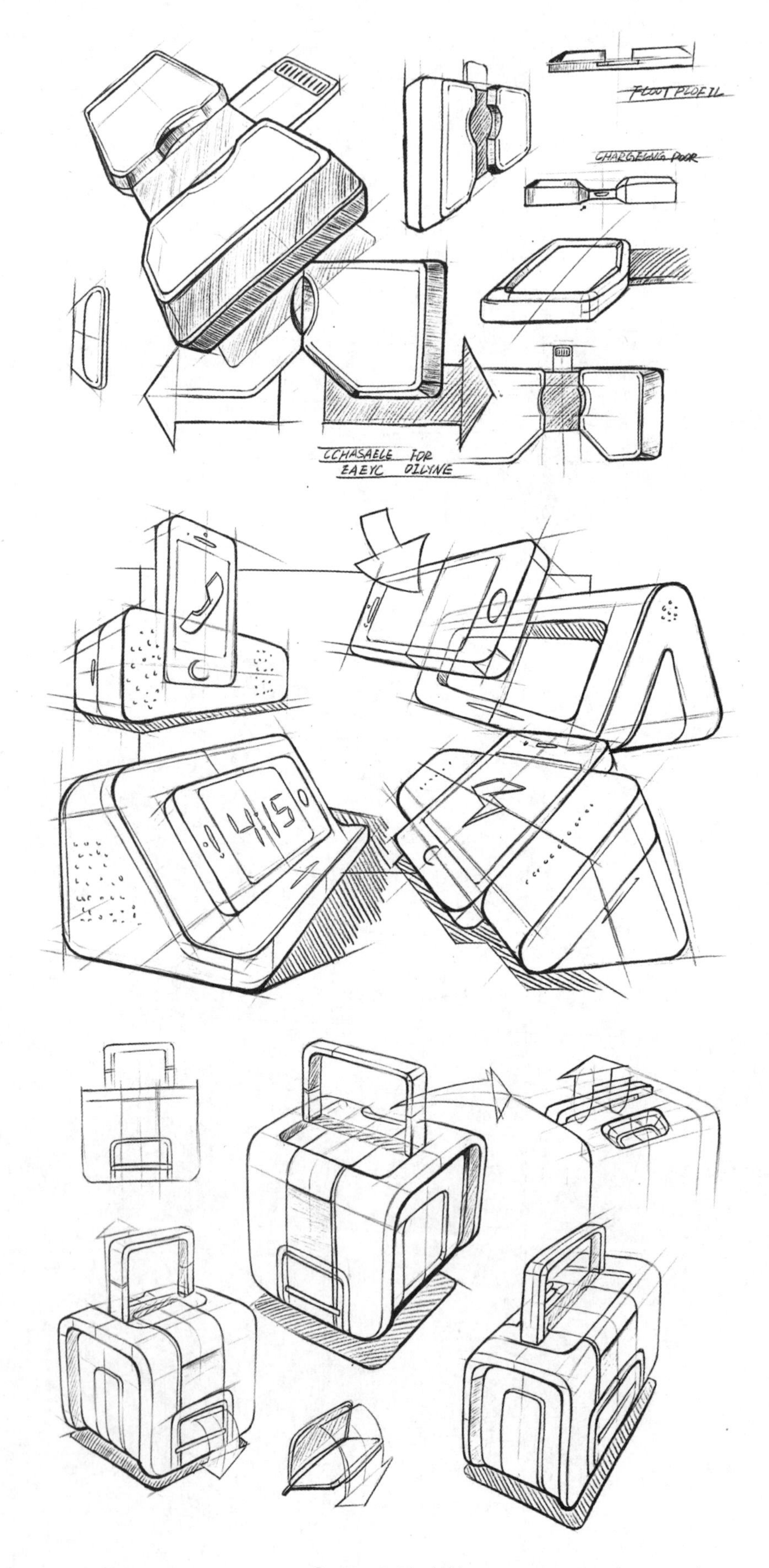

图 2-31（续）

图　2-31（续）

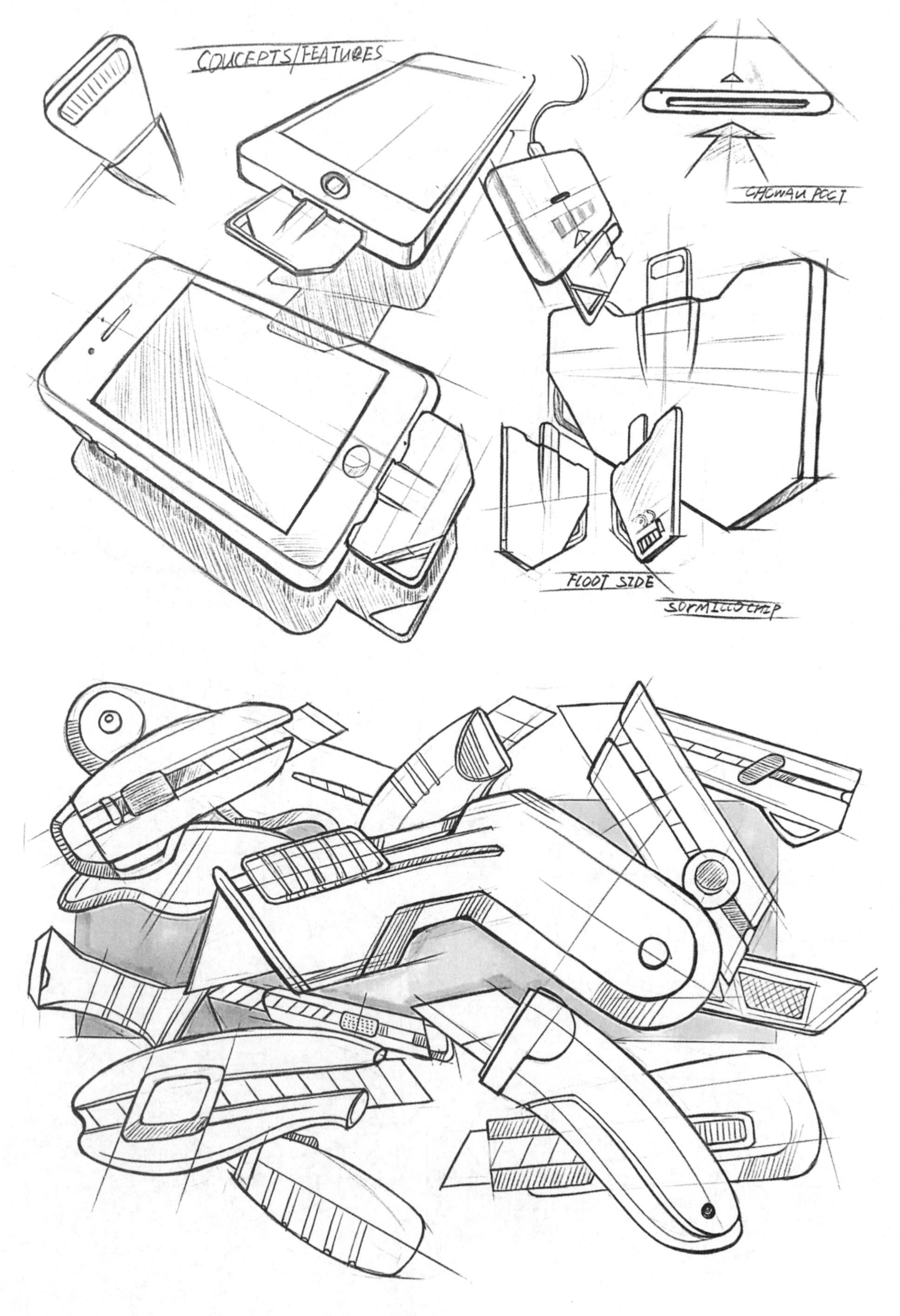

图 2-31（续）

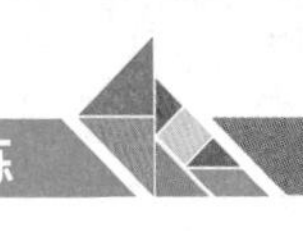

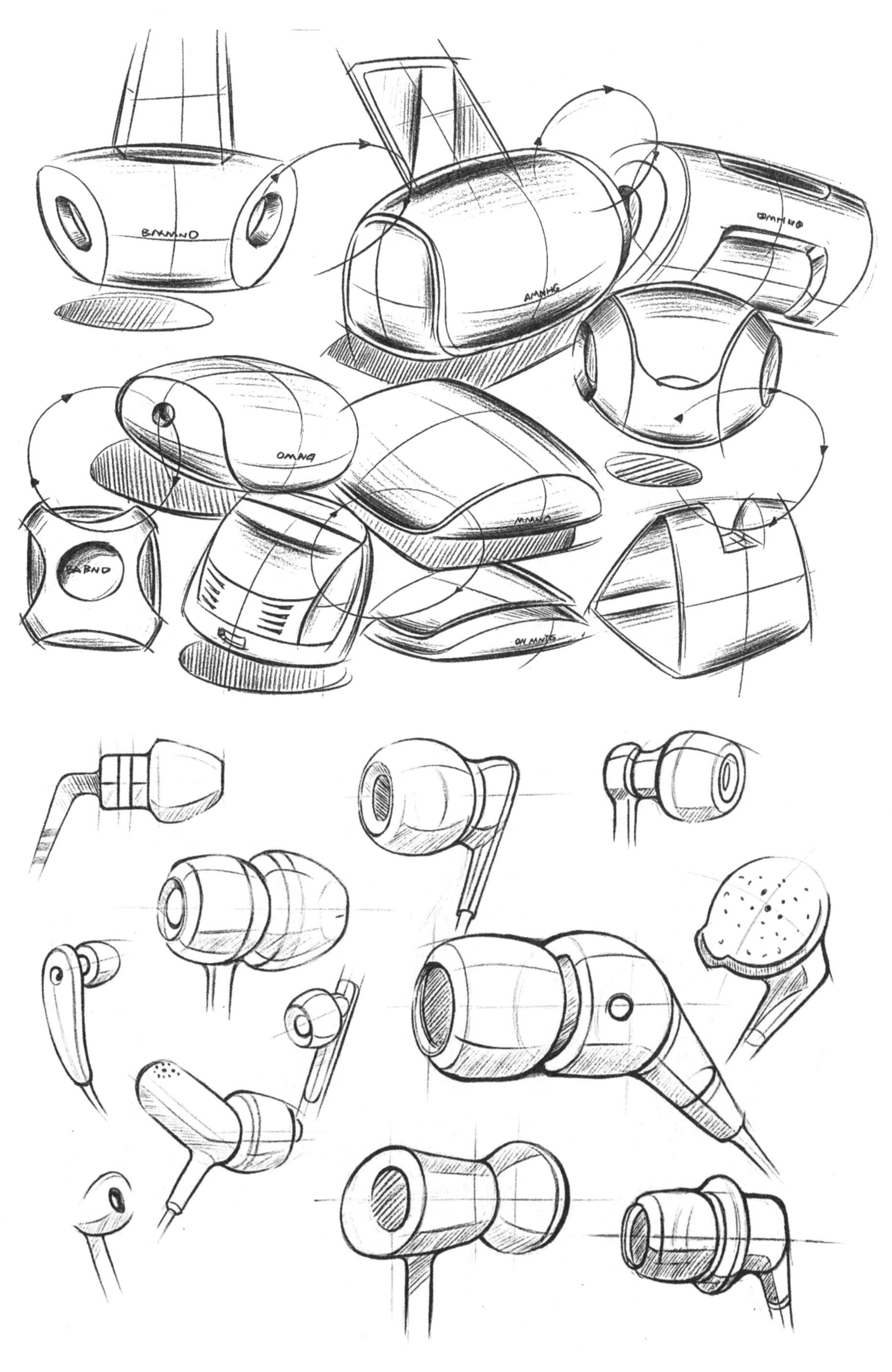

图 2-31（续）

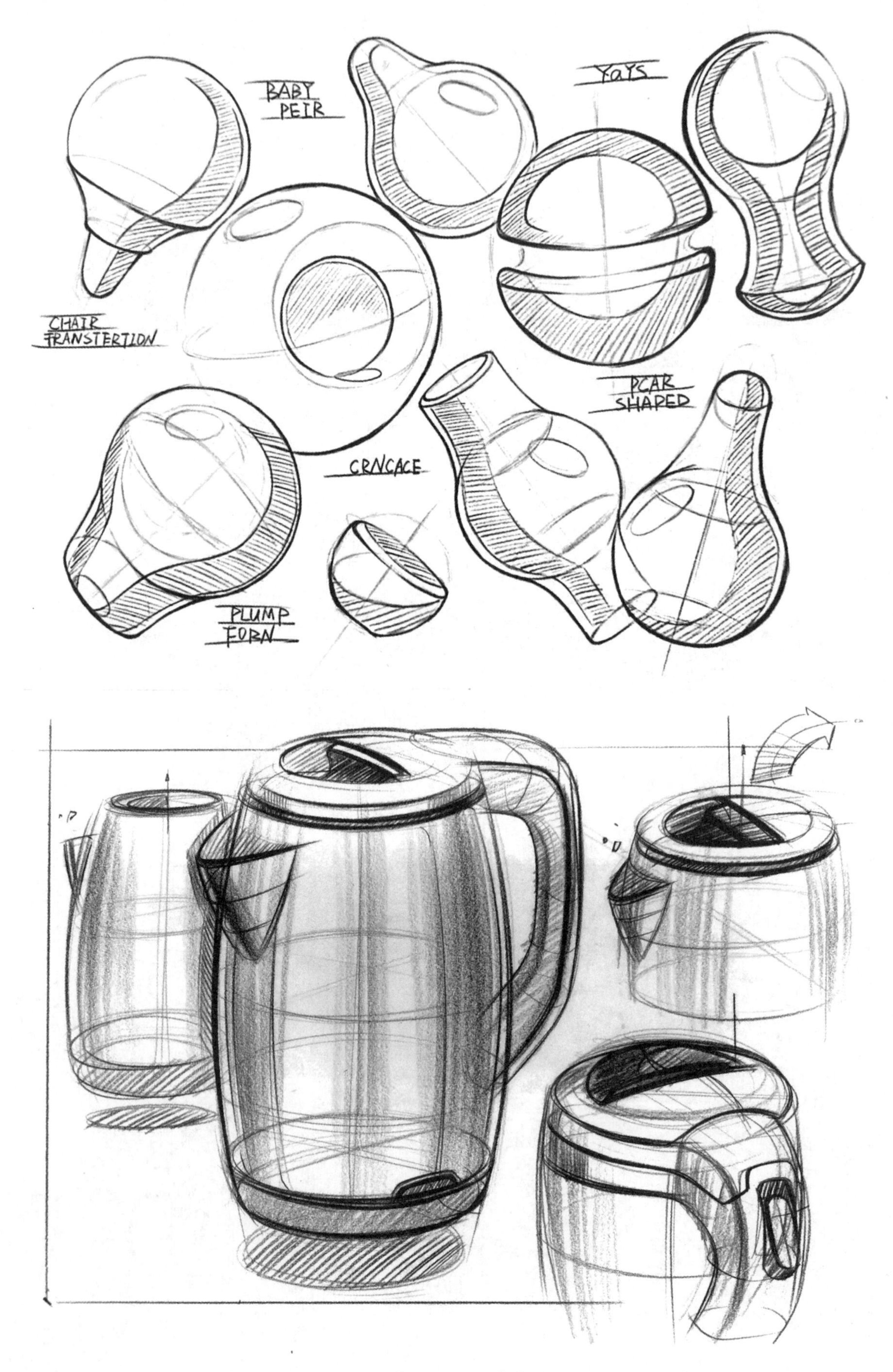
BABY
PEIR
YaYS
CHAIR
TRANSTERTION
CRNCACE
PCAR
SHAPED
PLUMP
FORN

图 2-31（续）

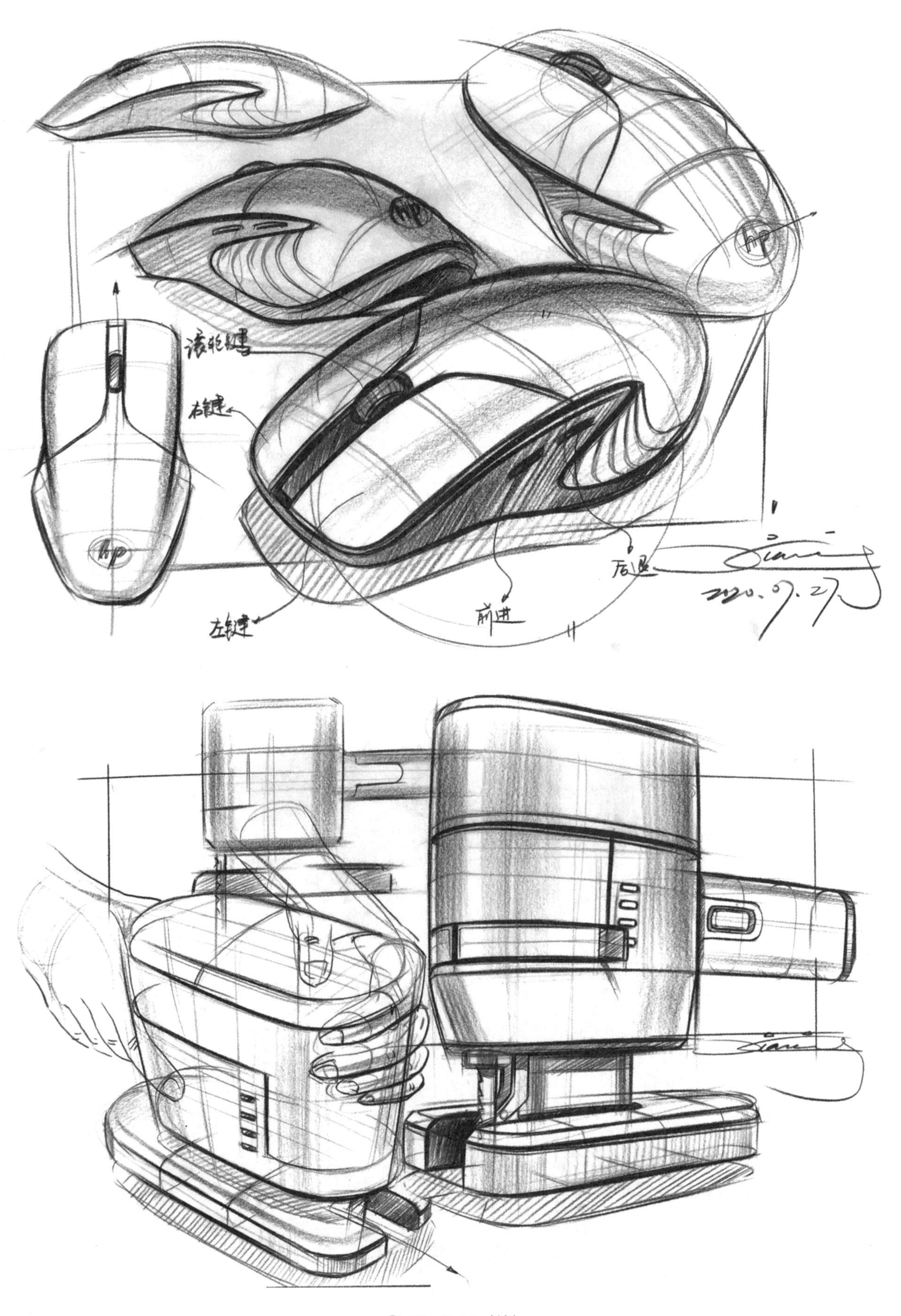

图 2-31（续）

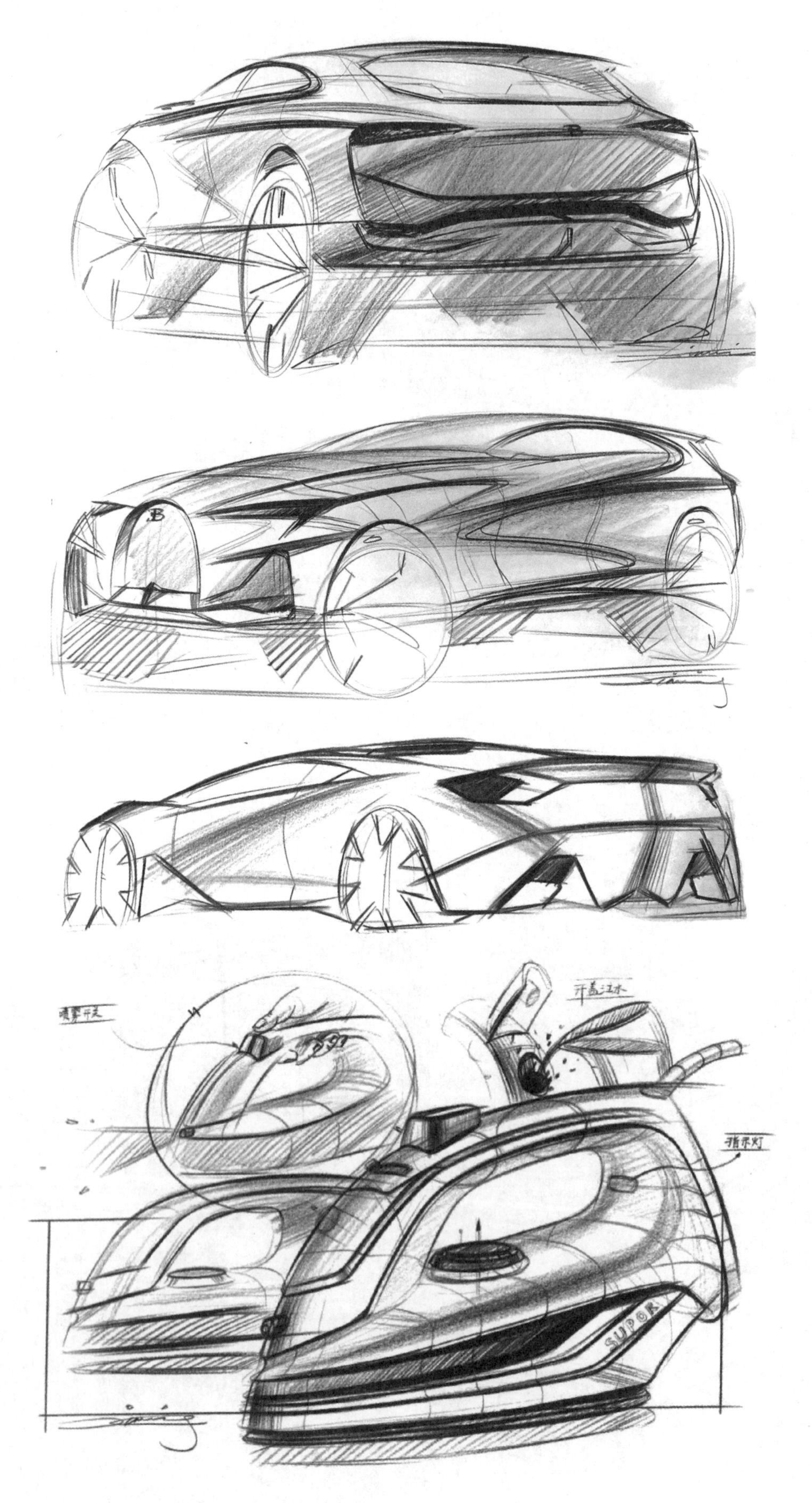

图 2-31（续）

2.3.2 马克笔快速表现范例

通常会运用一两种颜色的马克笔画出物体的灰面和暗面，以快速地表现出物体的体积感和透视关系。（图 2-32）

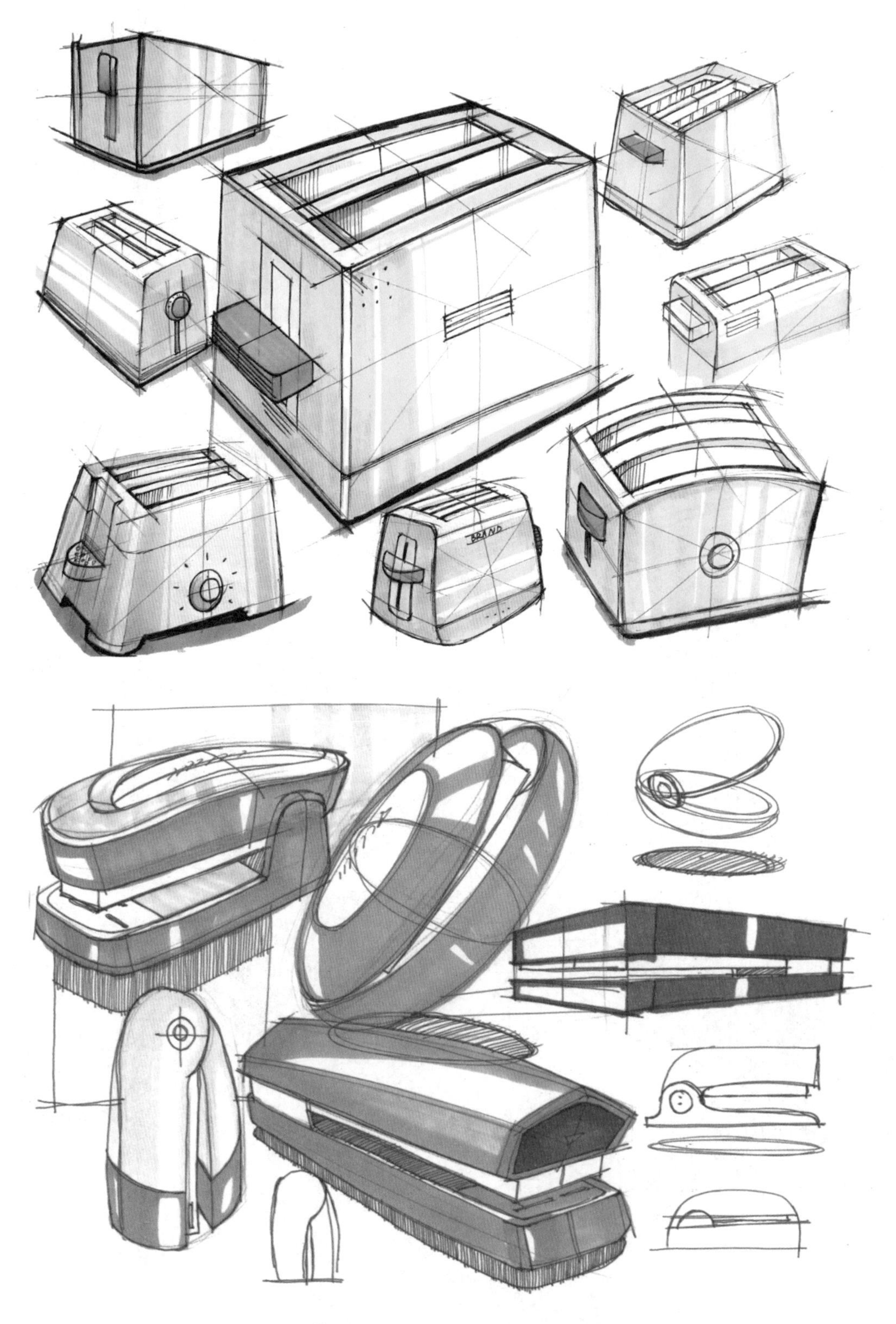

图 2-32　马克笔快速表现范例

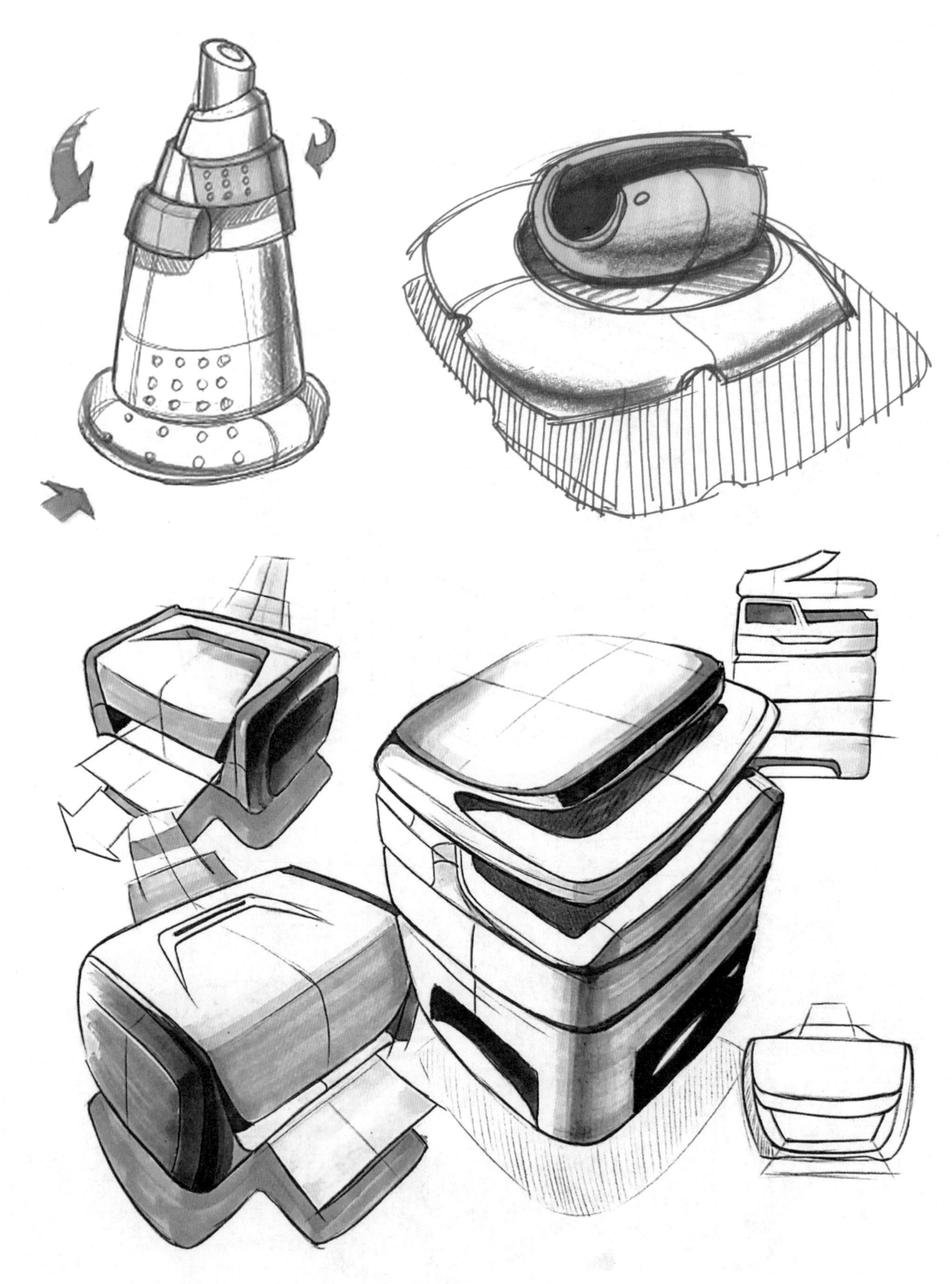

图 2-32（续）

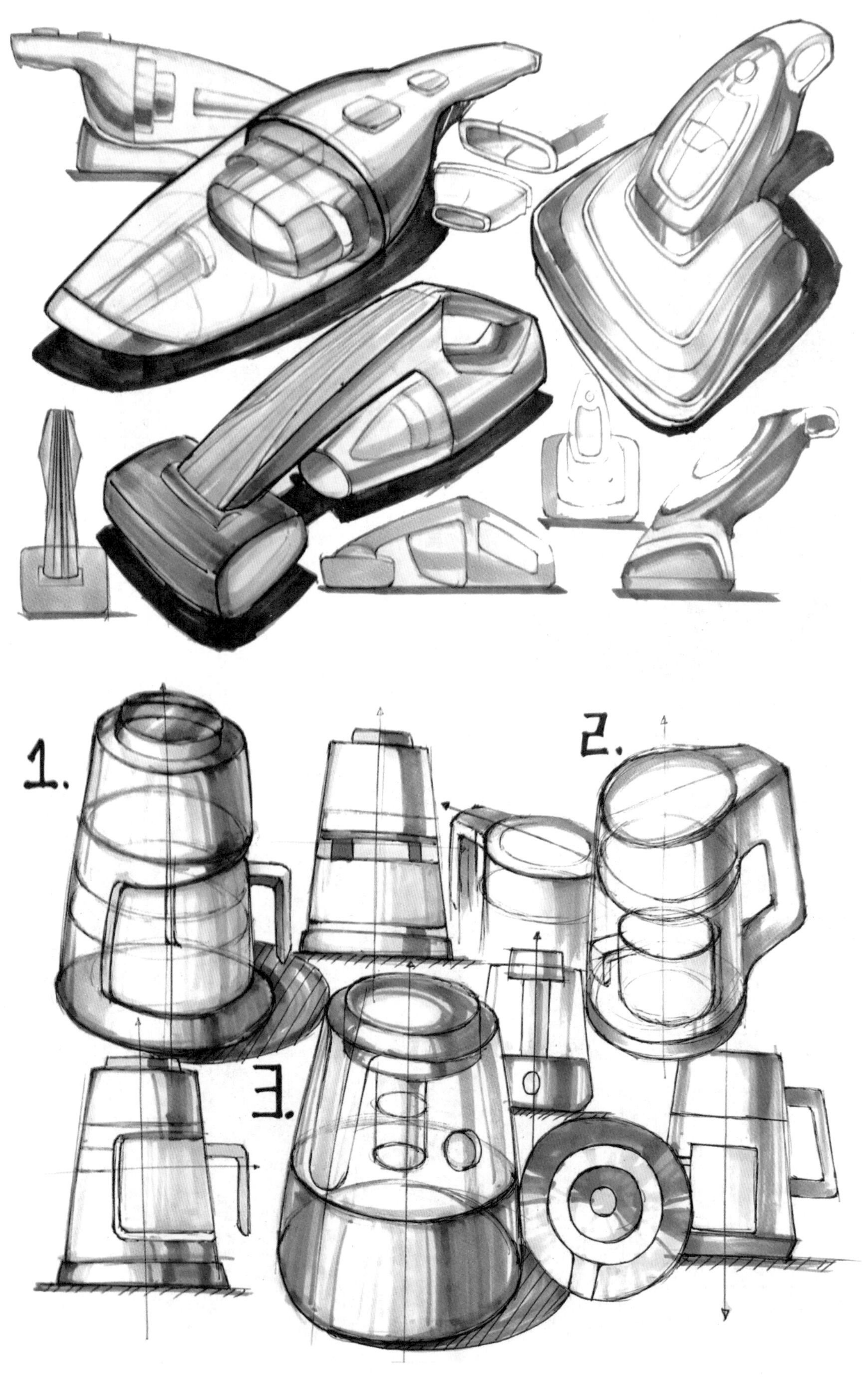

图　2-32（续）

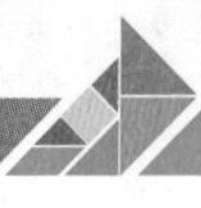

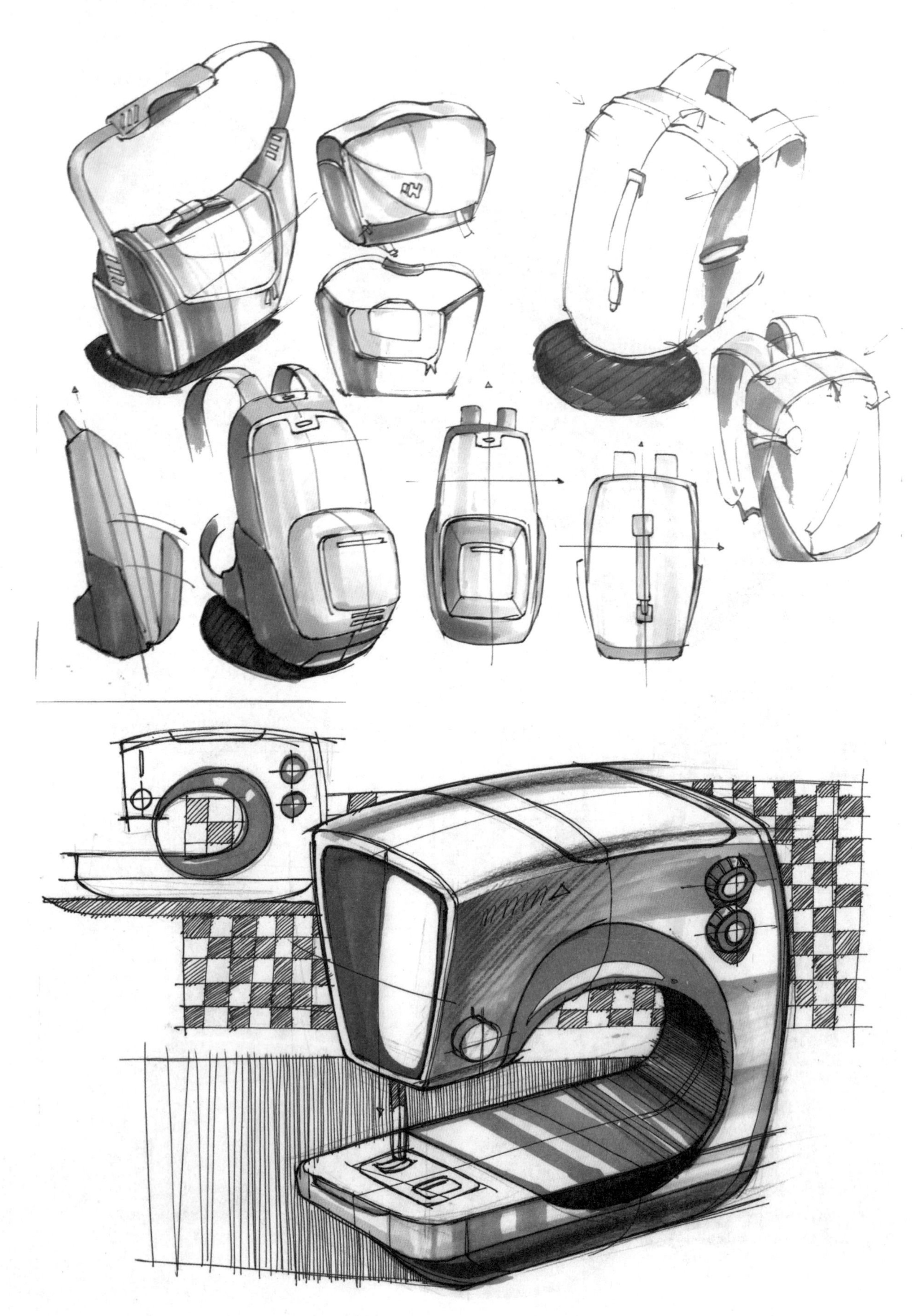

图 2-32（续）

图　2-32（续）

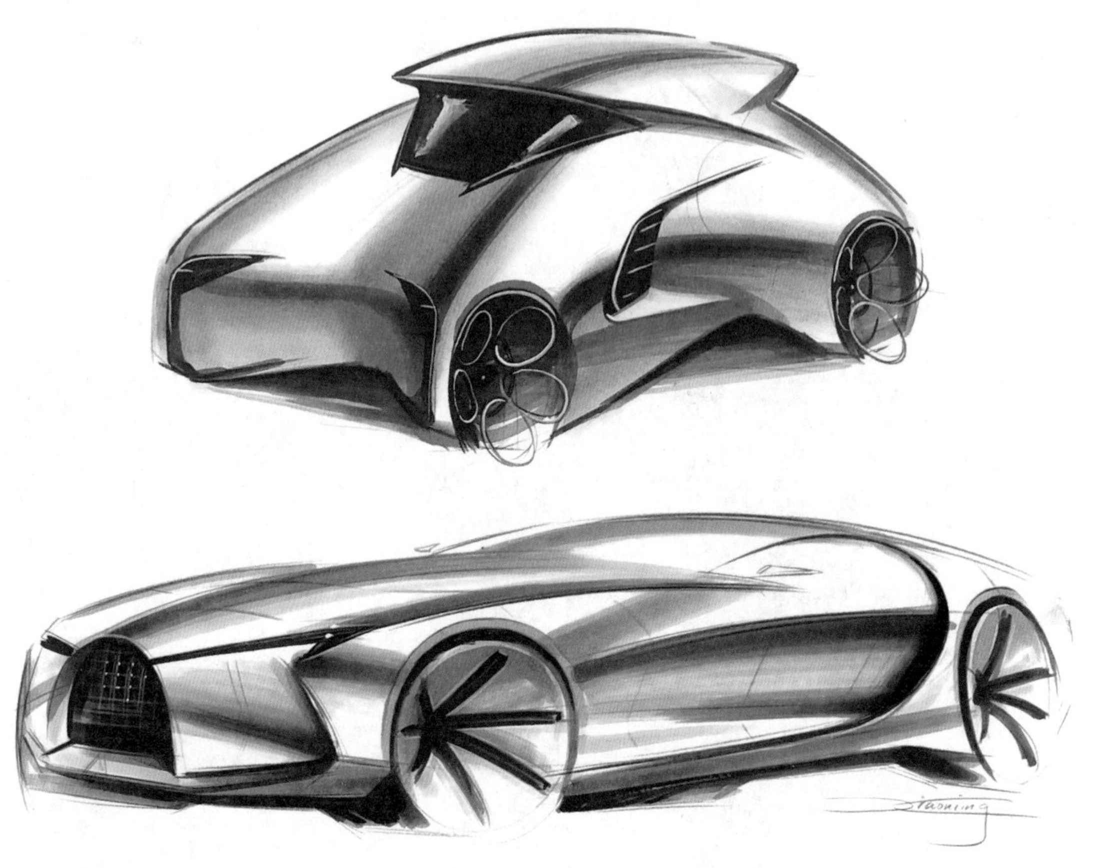

图 2-32（续）

本章小结

本章主要分为三部分。

第一部分介绍了几种基本几何形体的表现方法，让初学者对产品的各种形体组成有了一个基本的理解，帮助初学者建立产品从二维平面到三维立体进行转换的思维模式，为后期复杂形体的表现打下坚实的基础。

第二部分介绍了几种设计中常用材质的表现方法，让初学者了解到不同材质的物体在受到光线影响后，会产生不同的表面效果，进而掌握运用马克笔或色粉等绘画工具进行表现的方法。每种材质都有它自身的特点，在表现时，需要根据材质的这些特性灵活地表现。因此，在学习的过程中，初学者应多注意观察，了解不同材料的表面物理特征。对材料在色彩、质感、表面肌理等方面的表现进行深入的分析和尝试，这样将有助于表现技能的快速提高。

第三部分在学习前两部分的基础上，介绍了产品从单色线稿到马克笔的草图快速表现方法，需要初学者多加练习。

第3章
产品设计手绘表现技法进阶训练

本章学习目标：

1. 根据从初级阶段到高级阶段的进阶过程，熟练掌握产品表现的绘画步骤和方法。
2. 在练习中深入理解前面章节中所讲述的各种画法的理论知识。
3. 熟练运用不同材质的表达方法以及对于产品细节的绘制技巧，注意整体画面的把握。

前面我们已经学习了单色造型绘画以及材质表现的绘画方法，本章我们主要学习复杂产品的马克笔绘制技法的综合表现。了解产品的造型、结构与材质，是设计师表达自己创意的重要途径之一。在用马克笔绘制产品时，运笔的方向要随着产品的形体走，才能很好地表现出形体的结构感，要注意笔触之间的排列和秩序，体现笔触本身的美感，不可零乱无序；构图时，不要把形体画得太满，要敢于“留白”。用色不能杂乱，尽量用最少的颜色画出丰富的层次；画面也不可太灰，要有明暗与虚实的对比关系。在作画的过程中要有耐心，不可急躁，通常我们会在白纸上先试好马克笔的颜色和笔触效果，做到胸有成竹，尽量不要反复修改。

3.1 初级阶段手绘表现训练

本节主要介绍产品设计手绘中马克笔绘制初级阶段的技巧，初学者可以选择形体较为简单、结构线清晰明了、容易上手的产品练习。绘制时要注意产品造型的形体走势及构图比例。产品通常会居于纸面中间略偏上方的位置，绘画时，运笔方向要随着形体结构的走势来画，注意马克笔笔触本身的美感。

3.1.1 吹风机的设计表现

吹风机是人们生活中必不可少的小电器，主要用于吹干头发及做头发造型等。近年来，随着人们生活水平的普遍提高，对产品品质的要求也越来越高，吹风机的造型呈现多样化的趋势。下面详细介绍一款吹风机的快速绘制方法。

步骤一：根据吹风机的形体走势和大的结构，用黑色彩铅轻松地画出吹风机的大形。(图 3-1)

步骤二：调整透视关系后，确定并加深轮廓线。根据各部位的结构，逐步刻画出吹风机的外形特征。(图 3-2)

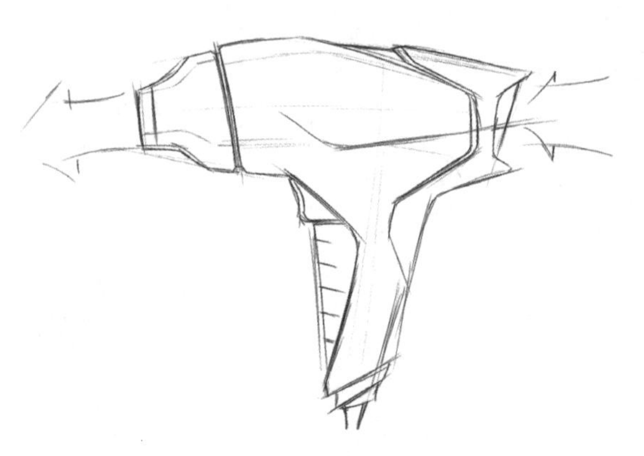

图 3-1　吹风机步骤一

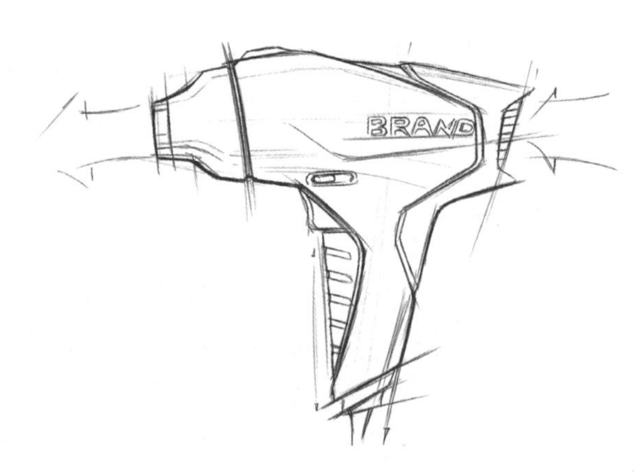

图 3-2　吹风机步骤二

步骤三：在线稿的基础上用马克笔上色，先用浅灰色马克笔画出产品的明暗交界线，并根据结构逐步强化加深。(图 3-3)

步骤四：进一步用深一号的灰色加重明暗分界线，并逐步表现形体结构的转折关系。同时，画出物体的固有色，注意与灰色区域的转折关系保持一致。(图 3-4)

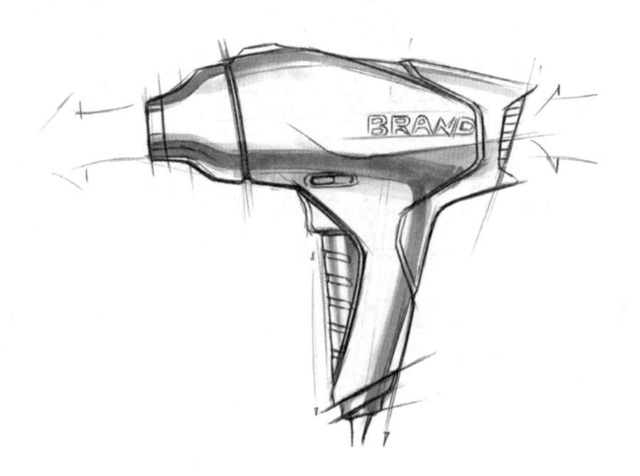

图 3-3　吹风机步骤三

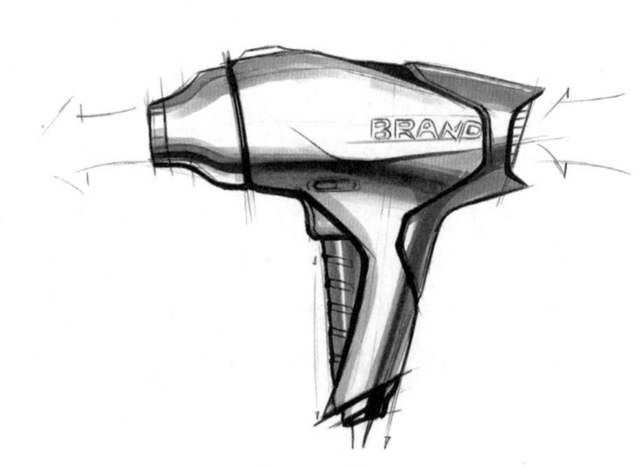

图 3-4　吹风机步骤四

步骤五：用更多的灰色系及产品固有色系的马克笔进行着色，使吹风机的形体看起来更加丰富立体。(图 3-5)

步骤六：进行细节刻画。用马克笔的侧锋进一步强调形体特征，用黑色彩铅局部强调其轮廓线。完成细节刻画后，对高光部分进行提亮。勾勒出背景板，再适当添加色彩。(图 3-6)

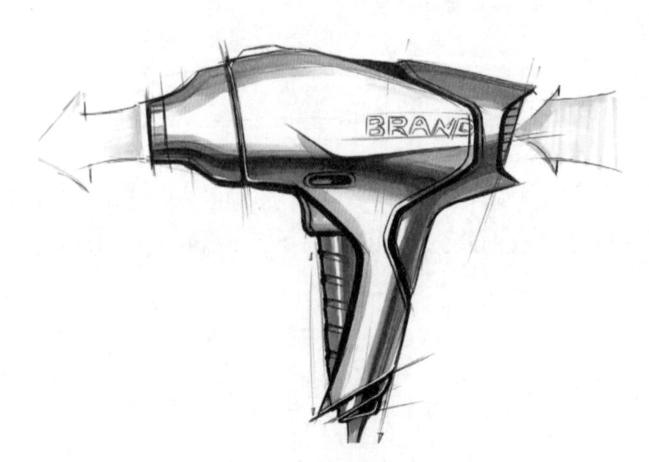

图 3-5　吹风机步骤五

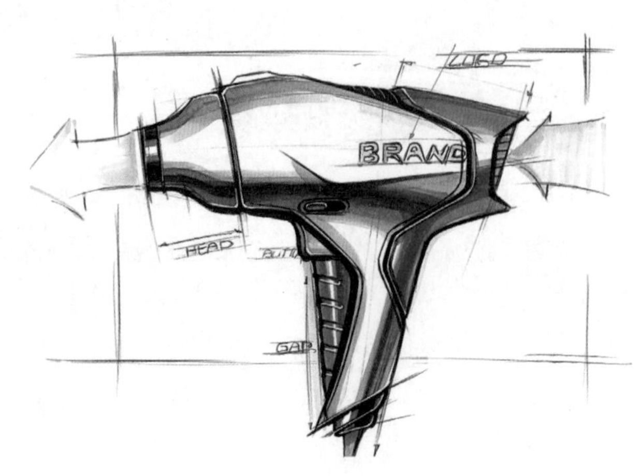

图 3-6　吹风机步骤六

对于吹风机等类型的产品，下笔前首先需要思考产品整体的大小，以及应放置于画面中的哪一部分；需要思考产品位于画面中的大体位置，确定一个大致区域；再思考笔触的走向，并且分析整个产品的明暗关系，方便之后的刻画与着色。在绘画中线条要有轻有重，有粗有细，这样画出来的产品才有立体感和空间感。同时，不同形体之间的衔接过渡要自然，特别是结构与结构之间的衔接要准确。要特别注意透视是否准确，有不准确的就要及时调整。

在画的过程中注意不要一开始就抠细节，应抓大放小，分析概括完整形体以后，再深入细节，要留出适当空间以方便之后的深入刻画。这里需要注意运用好以下的三条线。

（1）产品辅助线（图 3-7）：在产品的快速表达中，一开始的准确透视是十分重要的。我们通常会画辅助线作为产品的透视参照线，帮助我们画出正确的一点透视、两点透视或三点透视。注意画产品的辅助线时落笔要轻，线条的深度不要影响到产品轮廓线。

（2）产品结构线（图 3-8）：产品的结构线是产品不同结构相接后形成的一条结构线，也称工艺缝。它对于产品结构的表达非常重要，必须要清晰、准确地表达出来。

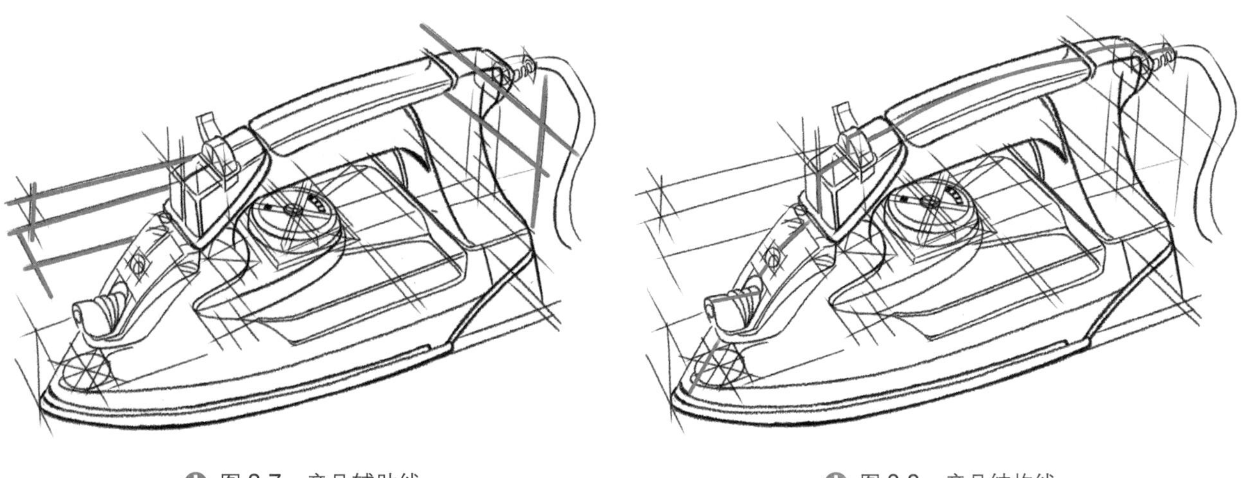

图 3-7　产品辅助线　　图 3-8　产品结构线

（3）产品断面线（图 3-9）：断面线是表现直面、曲面等形体凹凸起伏的一个重要手法。断面线分为整体断面线和局部断面线，对它的刻画不必着墨过多。断面线在某种程度上相当于形体辅助线，优点是让平面更为立体，在体量感和材质方面有所凸显。

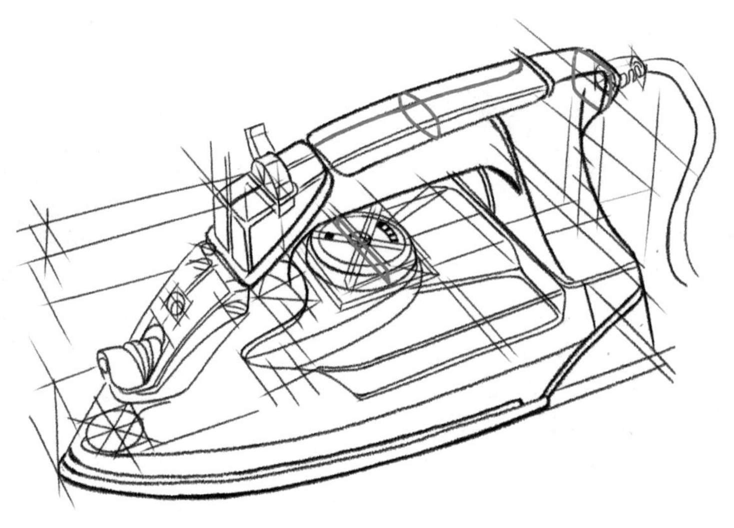

图 3-9　产品断面线

一般以较轻的线条起稿，然后加重想要强调的部分，这样做的好处是防止一开始就加重结构线条而导致整体效果的主次不分。在绘制过程中，马克笔墨水会使产品的外边缘模糊不清，这时需要对轮廓部分进行二次加重。适当时候可用针管笔画出部分阴影线，能更好地体现产品的立体感。

3.1.2 热风机的设计表现

热风机与前面的吹风机都是穿插类形体的产品，这种手绘难度用于初期的训练比较合适，但热风机更具工业风，在材质的表现上需要更加突出其质感。下面我们分步骤对热风机的绘制进行介绍。

步骤一：用黑色彩铅画出热风机的大致轮廓，注意圆柱体和手柄的透视关系，下笔不要太重。（图 3-10）

步骤二：确定好轮廓线后，加深其轮廓线，使其结构走向更加清晰明了。（图 3-11）

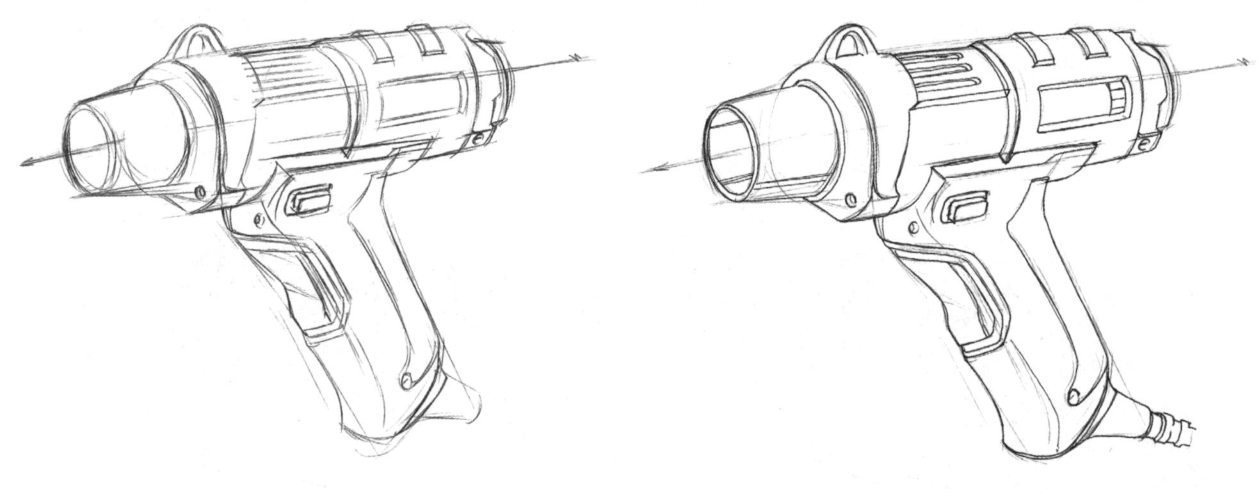

图 3-10 热风机步骤一

图 3-11 热风机步骤二

步骤三：分别用灰色系和红色系中最浅颜色的马克笔在物体的转折处和明暗交界处进行着色，注意马克笔线条的流畅性和一致性。（图 3-12）

步骤四：用深一号的马克笔加重明暗界限线，注意亮部与暗部的过渡，要体现出形体的转折关系和层次感。（图 3-13）

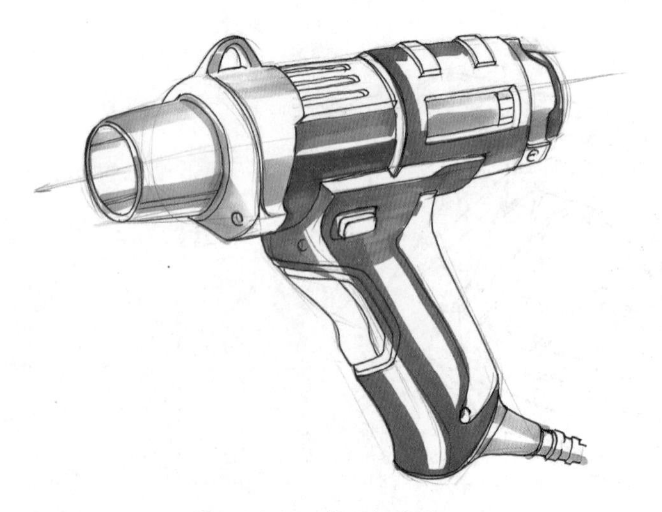

图 3-12 热风机步骤三

图 3-13 热风机步骤四

步骤五：继续上色，使用同色系的深色马克笔强化转折面的过渡，刻画出物体的形态特征，注意金属部分的材质表现。（图 3-14）

步骤六：丰富细节，用马克笔侧锋强调形体特征，可以用黑色彩铅再次强调轮廓线，使物体更加明朗清晰，然后用高光笔或白色彩铅刻画按钮细节。（3-15）

图 3-14　热风机步骤五

图 3-15　热风机步骤六

在手绘热风机产品时，要注意各个按钮细节的刻画，给产品以层次感和饱满感。

3.2　中级阶段手绘表现训练

在熟练掌握那些形体简单的产品表现方法后，下面来学习形体相对复杂的产品表现方法。这类产品对于结构、比例等关系的掌握要求会更高一点，其绘制过程也是对我们在产品手绘方面学习效果的检验，还有助于技法的提升。

3.2.1　耳机的设计表现

耳机是我们生活中的常用品。随着科技的进步与人类生活水平的提高，人们对耳机品质的需求也呈现出多样化的趋势。下面以一款头戴式耳机的设计手绘表现来感受一下这种集美感与科技感为一体的产品。

步骤一：用黑色彩铅轻松起形，勾画出耳机的大致轮廓，注意下笔不要太重。（图 3-16）

步骤二：进一步刻画物体的轮廓线，画出耳机的具体结构，并勾出结构线。（图 3-17）

步骤三：用色系中较浅的马克笔先给耳机的暗面铺色，铺色时的笔触方向要顺着物体的形体结构方向画。（图 3-18）

步骤四：加大铺色的范围，加上耳机固有色中的橙色，并用深一号的灰色马克笔加深耳机的固有色以及暗部。（图 3-19）

步骤五：继续深入，用更深的颜色加深两大主色，注意用同色系的马克笔过渡，使物体形态过渡表现得更加自然。（图 3-20）

步骤六：深入刻画细节，用黑色彩铅勾画轮廓线以强调物体外轮廓线，用白色彩铅表现出耳机的材质，用高光笔刻画出物体的受光部和高光点。（图 3-21）

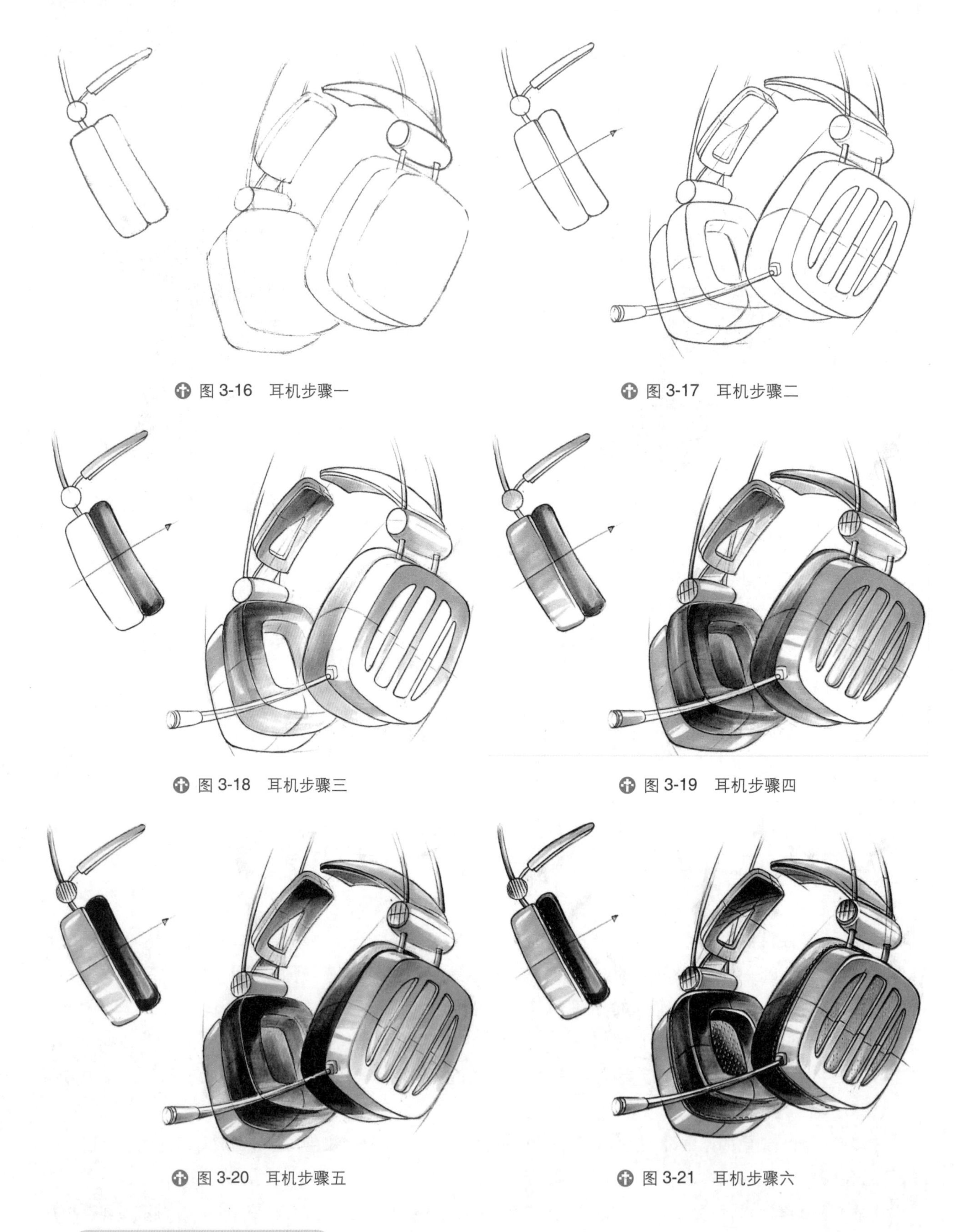

图 3-16　耳机步骤一

图 3-17　耳机步骤二

图 3-18　耳机步骤三

图 3-19　耳机步骤四

图 3-20　耳机步骤五

图 3-21　耳机步骤六

3.2.2　咖啡机的设计表现

在城市现代快节奏的生活中，咖啡能让我们的生活变得更加丰富多彩。像家用咖啡机这一类产品，相较于前

面的吹风机、热风机之类的产品要更为复杂，一些起、承、转、合之间线条的处理，以及产品每个部分之间的结构等，都需要我们认真地对待。材质部分侧重玻璃材质的表现。下面分步骤来进行展示。

步骤一：用轻松的线条将产品的大体轮廓勾勒出来，注意产品各部分之间比例关系的正确性。（图 3-22）

步骤二：大致起形完成后，开始刻画物体的细节线稿，着重注意物体的轮廓线和结构线。（图 3-23）

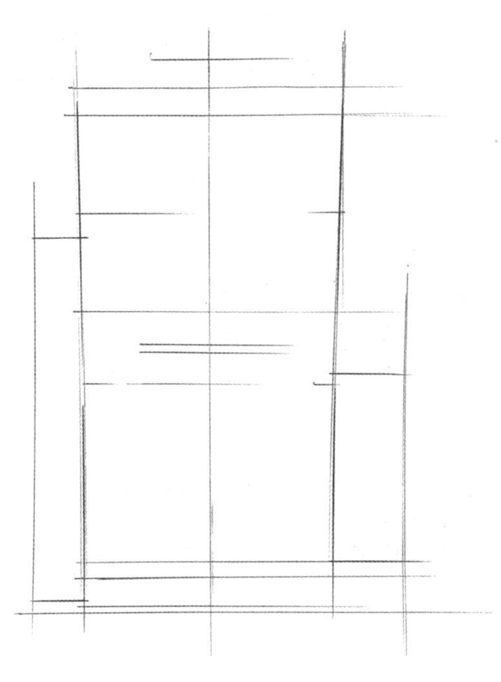

图 3-22　咖啡机步骤一

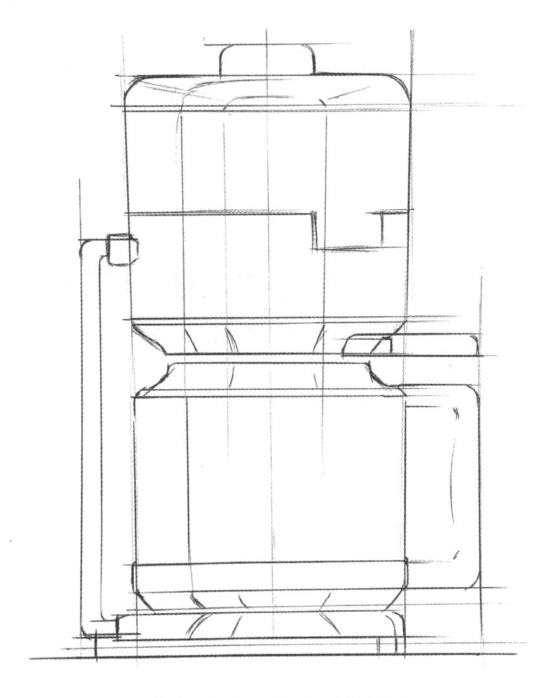

图 3-23　咖啡机步骤二

步骤三：在基本结构形体完成后，开始进行马克笔的铺色。先用最浅的色号将物体最主要的两个颜色的暗面铺好。（图 3-24）

步骤四：加重明暗交界线，注意亮部与暗部的过渡，要体现形体的层次感。（图 3-25）

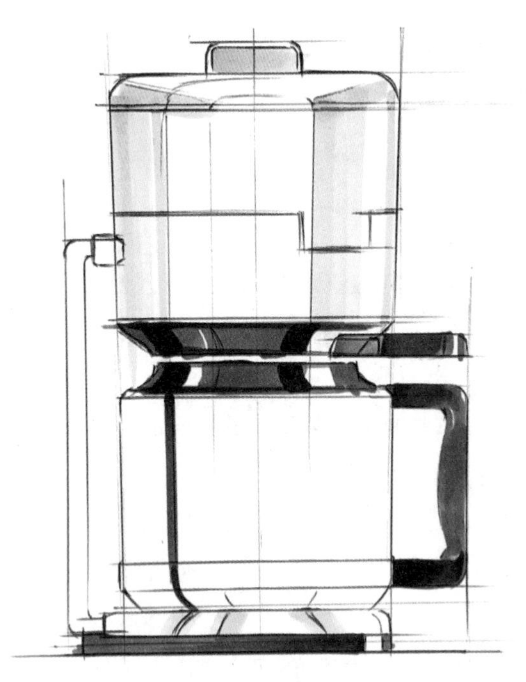

图 3-24　咖啡机步骤三

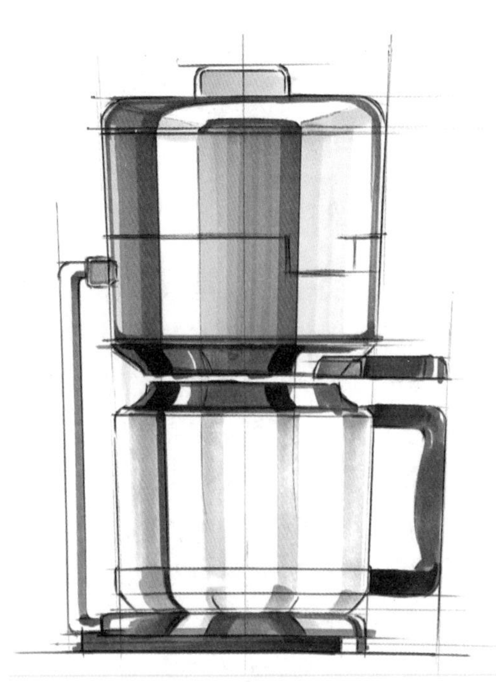

图 3-25　咖啡机步骤四

步骤五：用同色系的马克笔进一步刻画物体的结构转折关系，注意正视角度的玻璃材质的表现，要画出玻璃的厚度与质感。（图 3-26）

步骤六：深入刻画咖啡机的细节以及按钮和把手部分的高光，注意要体现出玻璃材质的通透感。（图 3-27）

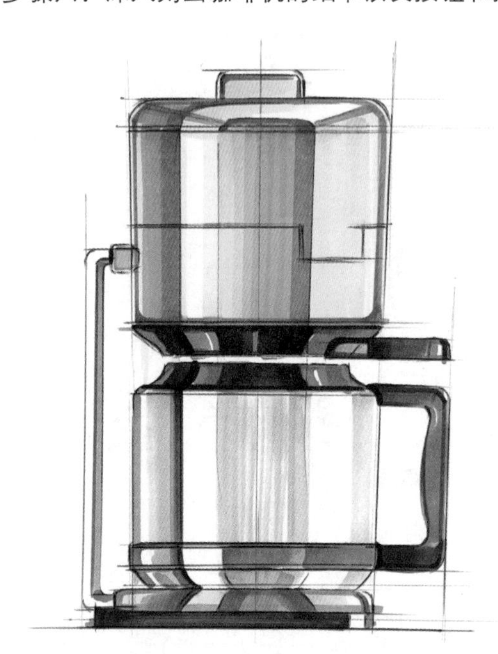

图 3-26　咖啡机步骤五

图 3-27　咖啡机步骤六

在上色过程中要注意马克笔的走向，运笔要随着形体的结构走，这样才能体现出产品的形体质感。

3.3　高级阶段手绘表现训练

经过前面初级、中级阶段的学习，我们已经基本掌握了产品的绘画技巧，下面可以开始绘制结构更为复杂一些的产品。这类产品对材质的要求较高，需要进行细节刻画的部分也较多，需要耐心按照步骤绘制。

3.3.1　游戏手柄的设计表现

游戏手柄是一种常见电子游戏机的部件，可以通过操纵按钮等，实现对游戏虚拟角色的控制。人们在使用游戏手柄时除了对舒适度及在人机工程学方面有一定要求外，对于产品的外观造型要求也越来越高。我们在众多游戏手柄中选择了以下这款来表现，步骤如下。

步骤一：用轻松的线条将产品的大体轮廓勾勒出来，注意产品各部件的透视关系以及正确的比例关系。（图 3-28）

步骤二：调整轮廓线并加重，进一步勾画出线稿细节，添加结构线。（图 3-29）

步骤三：先用灰色系中浅色的马克笔给物体的暗面和阴影部分铺色。在这个产品中，灰色即是固有色，所以铺色的面积会比较大。（图 3-30）

步骤四：继续用灰色系马克笔加重明暗交界线，注意亮部与暗部的过渡，再给按钮添加颜色。（图 3-31）

步骤五：用黑色彩铅和白色彩铅刻画细节，添加背景板，突出显示物体。（图 3-32）

图 3-28　游戏手柄步骤一

图 3-29　游戏手柄步骤二

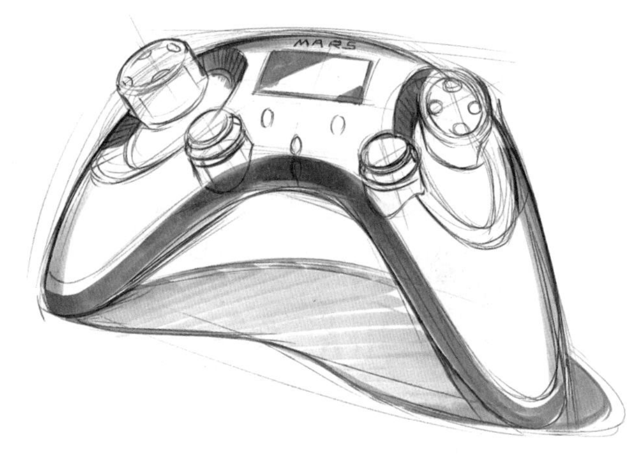

图 3-30　游戏手柄步骤三

图 3-31　游戏手柄步骤四

图 3-32　游戏手柄步骤五

游戏手柄的细节相对来说比较多，中间的结构线及转折线都需要注意其起、承、转、合。我们在给形体上色时不要画得太慢，特别是形体之间颜色应有主次区别，要敢于留白。色块要注意大块的色系以及走向，用一个色系通过深浅的变化将产品的层次拉开，尽量避免色彩的呆板以及沉闷。用色过程中要注意搭配问题，既不要杂乱，

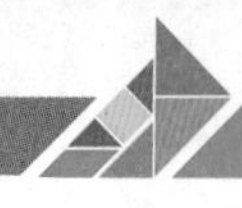

也不要太单一，另外，中性色和灰色是画面的灵魂。

由于游戏手柄属于形体较小的产品，所以我们在刻画过程中会放大很多倍。其整体比例关系十分重要，这就需要我们用心去观察产品的每一个细节，找到产品结构之间层层递进的关系。

3.3.2 手电筒的设计表现

手电筒这种手持式电子照明产品在马克笔练习中十分常见，这类小型产品需要放大绘制，对细节处理的要求较高，起、承、转、合之间的线条、每个部分之间的结构、细节的材质表现都需要认真处理。下面通过具体步骤示范绘制过程。

步骤一：用黑色彩铅轻松起形，将产品的大体轮廓勾勒出来，注意产品比例要正确。（图 3-33）

步骤二：确定产品形体并用笔加深其轮廓线和结构线，再用马克笔铺一点浅色调子。（图 3-34）

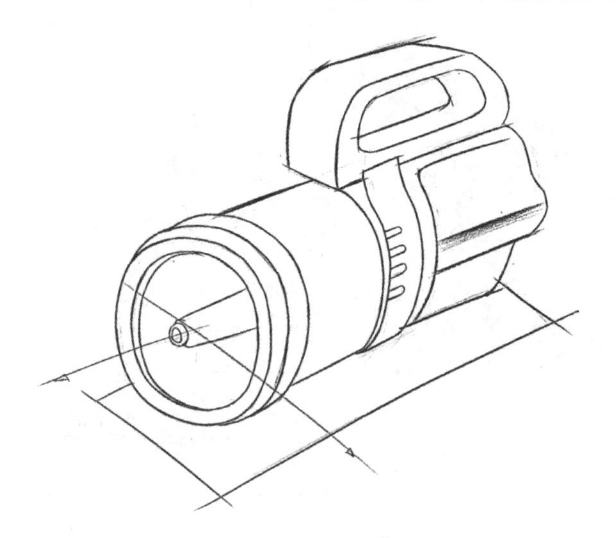

图 3-33　手电筒步骤一

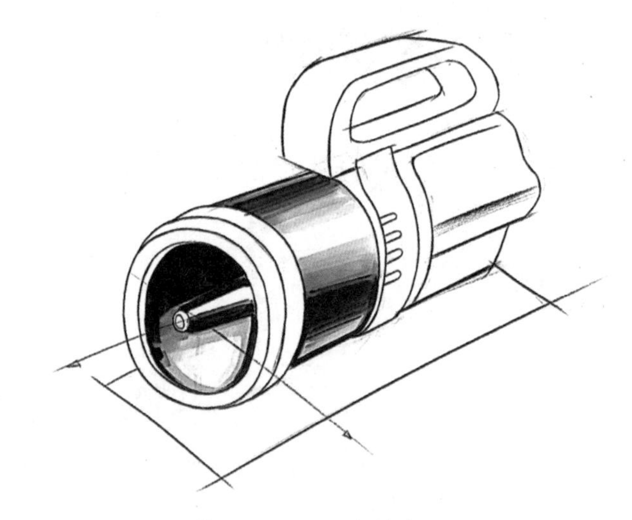

图 3-34　手电筒步骤二

步骤三：调整轮廓线并加重，金属部分由浅到深依次上色。因为是金属质感，所以运笔不能太慢，否则会画成软绵绵的效果。要沿着物体的轮廓线果断下笔，这样画出来的线条才流畅。（图 3-35）

步骤四：上橙色马克笔部分，找准明暗交界线，用马克笔一层一层加重，注意笔触要流畅。（图 3-36）

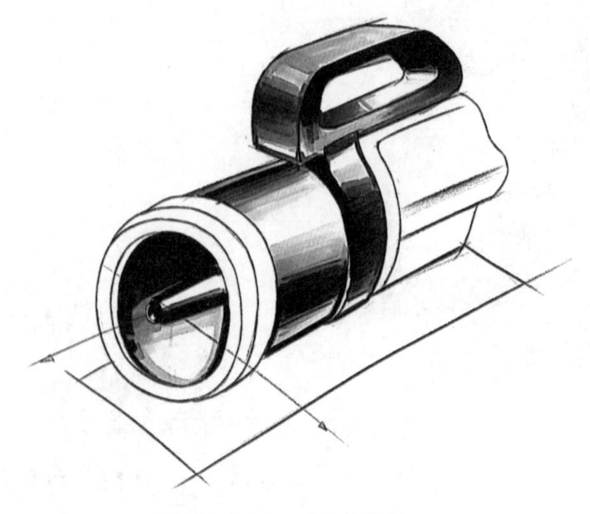

图 3-35　手电筒步骤三

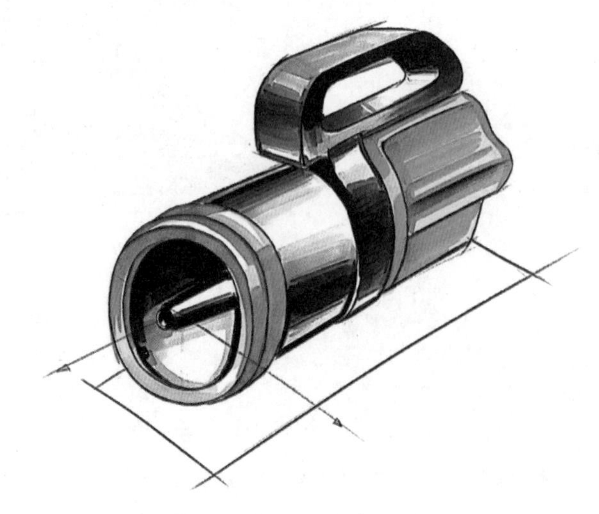

图 3-36　手电筒步骤四

步骤五：用马克笔小笔头给产品增加厚度，让结构之间的关系更清晰，并用白色高光笔勾勒出物体的结构线。（图 3-37）

步骤六：画出手电筒的按钮细节和阴影部分，用高光笔和黑色彩铅做最后的细节修饰。（图 3-38）

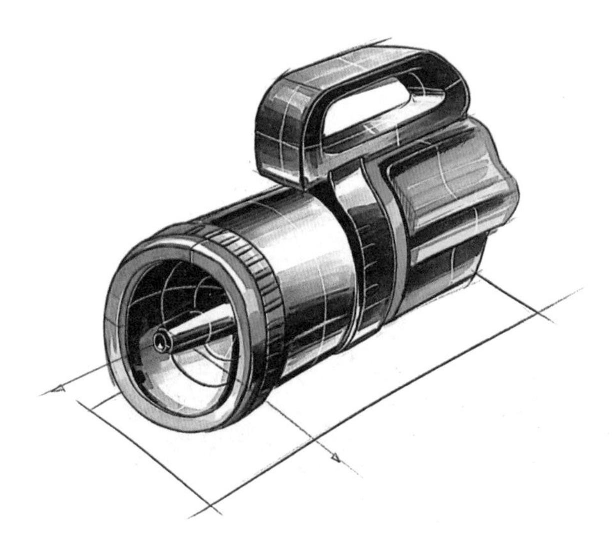

图 3-37 手电筒步骤五

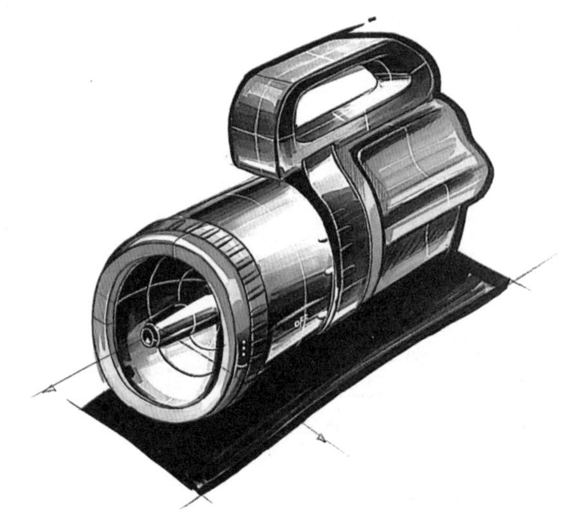

图 3-38 手电筒步骤六

在上色过程中要注意马克笔的走向，笔要随形体的结构画，这样才能体现出形体感。

3.3.3 汽车的设计表现

汽车在产品手绘表现技法中属于较难的产品，在绘制过程中要注意汽车的比例大小、透视关系、结构曲线、材质表现以及细节的刻画，需要熟练掌握表现技法，拥有一定的基础以后，再进行耐心绘制。

步骤一：先画出产品轮廓。根据比例画出汽车结构，注意透视以及比例关系。（图 3-39）

步骤二：从局部入手，画出基本的形体关系，从车头开始用马克笔进行上色。先铺上最浅的灰色系。（图 3-40）

图 3-39 汽车步骤一

图 3-40 汽车步骤二

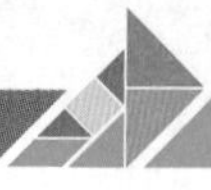

步骤三：顺着车身往后继续上色，注意过渡自然。(3-41)

步骤四：画完前面的车型后，再进行整体的调整与细节的修饰。(图 3-42)

图 3-41　汽车步骤三

图 3-42　汽车步骤四

步骤五：后面的车先从底盘和车灯进行上色。注意汽车暗部与阴影之间的关系。(图 3-43)

步骤六：用马克笔一层一层加重。注意笔触要流畅，最后用高光笔修饰细节。(图 3-44)

图 3-43　汽车步骤五

图 3-44　汽车步骤六

3.4　复杂产品手绘表现训练

本节主要介绍几个复杂产品的手绘表现方法。由于此类产品的形体结构较为复杂，细节繁多，建议在拥有一定基础的情况下再进行本节的学习。

3.4.1　变形机甲的设计表现

变形机甲形体复杂，整体绘制的难度较大，对整体形态结构、比例关系、材质区分以及细节处理等方面都有很高的要求，绘制中需要耐心和细心。面对这种复杂的形态，一开始不要纠结于细节而无法自拔，首先需要从整体框架结构入手，确定每个模块的大体比例关系，注意整体的透视关系，处理好结构部分的衔接关系，然后逐步绘制细节，最后整体调整。

步骤一：大体了解机甲的变形原理和运动结构的特征，选择好变形机甲表现的角度，画出变形机甲的大致轮廓线，注意机甲大的透视关系和各部分大的比例关系要正确。（图 3-45）

步骤二：确定产品形体并加深轮廓线和结构线，逐步完善变形机甲结构部件的细节，优化每个部分的衔接关系，注意角度与比例关系。（图 3-46）

图 3-45　变形机甲步骤一

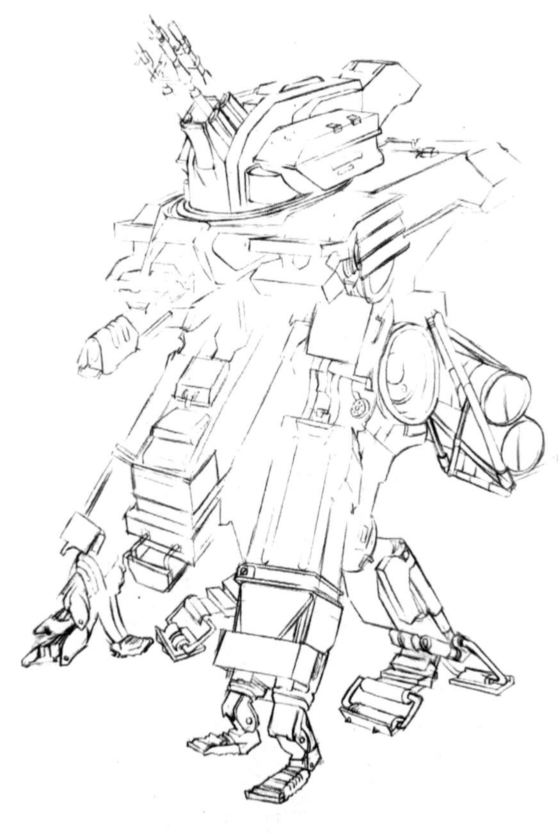

图 3-46　变形机甲步骤二

步骤三：用马克笔对机甲中大的块面进行铺色，区分出机甲大致的明暗关系和机甲结构的前后关系，注意上色时马克笔不要超出形体轮廓线。（图 3-47）

步骤四：对机甲中暗面和深色部分的结构细节进行刻画，注意深色部分的明暗变化和不同材质的表现手法，在大的形体结构和明暗关系的基础上，根据结构特征逐层进行细节调整与完善。（图 3-48）

步骤五：色调完成以后，产品的线性感觉变弱了，可用黑色彩铅或针管笔进行适当收形，注意绘制过程中要保持形体的结构、明暗、色调要统一，并区分出不同材质的明暗变化、光影关系，要达到画面的统一性。（图 3-49）

步骤六：整体调整，刻画细节，在保证大的形体色调统一、结构清晰的基础上，用黑色彩铅侧锋和高光笔进行最后的细节修饰。（图 3-50）

图 3-47　变形机甲步骤三

图 3-48　变形机甲步骤四

图 3-49　变形机甲步骤五

图 3-50　变形机甲步骤六

3.4.2　变形金刚的设计表现

变形金刚与变形机甲都属于大型复杂产品，两者的不同之处在于，变形金刚多了动态的造型，在绘制过程中要注意其动态的走向。

步骤一：根据变形金刚的动态，画出变形金刚的大致轮廓线，并依据结构进行块面化分割，逐步将大的形体关系确定下来，并注意透视关系。（图 3-51）

步骤二：准确地画出变形金刚的形体结构之后，用笔加深轮廓线和结构线，再用灰色系马克笔刻画出形体中黑色部分的明暗关系，注意上色时不要超出形体轮廓线。（图 3-52）

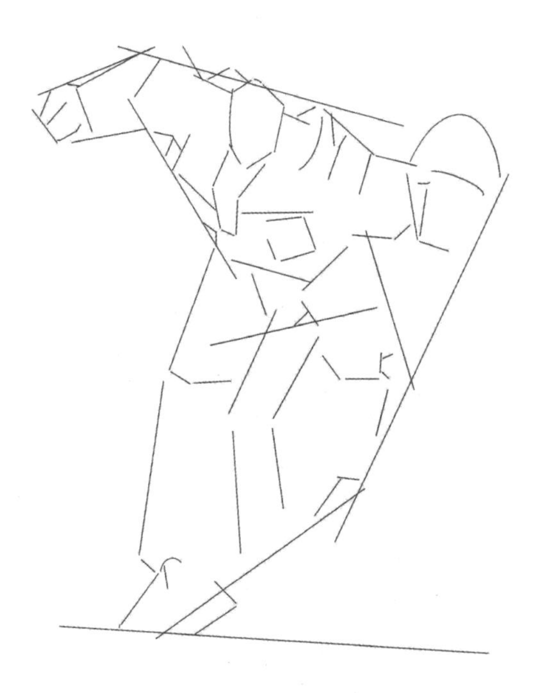

图 3-51　变形金刚步骤一

图 3-52　变形金刚步骤二

步骤三：局部上色。用红色系马克笔刻画出形体中红色部分的明暗关系，着重表现变形金刚的金属材质与结构特点，注意与已上色部分的明暗关系保持一致。（图 3-53）

步骤四：继续上色。用蓝色系马克笔刻画出形体中蓝色部分的明暗关系，注意保持形体整体明暗关系的一致。（图 3-54）

图 3-53　变形金刚步骤三

图 3-54　变形金刚步骤四

步骤五：最后对紫色部分进行刻画。在大的形体结构明暗关系的基础上进行细节调整，保持形体的结构、明暗、色调统一，并区分出不同材质的明暗变化、光影关系，从而达到画面的统一性。(图 3-55)

步骤六：整体调整，刻画细节，用白色彩铅和高光笔进行最后的细节刻画，修饰形体的明暗面转折处。(图 3-56)

图 3-55　变形金刚步骤五

图 3-56　变形金刚步骤六

3.5　产品设计手绘表现技法要点

1. 设定光源

分析产品的形体结构特征，在完成产品的线稿图后，首先假定一个光源，通常选择 45° 光线（下午两点钟或十点钟方向）。尽量使产品的主要特征面和功能面都处于亮面，把次要面作为灰面或暗面，避免大面积的表现暗部。

2. 分界线的明暗表现

把握光源线方向，根据结构找出产品的明暗分界线。用笔芯的较宽部分轻贴纸面，轻轻滑动，反复叠加，注意轻重变化，再根据材质、光线、圆角的情况决定深浅的变化。

3. 暗部的表现

一般来说，暗部的面积最小，但切不可画成死板的一块黑，而是要从明暗交界线开始，用粗而平的笔芯画出暗面的层次感，离交界线最远处留白作为反光部分，其反光的程度大小取决于材质的特性。在笔触叠加时注意不要完全覆盖，要有一定的缝隙透气。

4. 整体调整

所有结构的表现基本完成后，需要进行整体的调整，包括总体的明暗对比，以及局部小按钮或凸起等细节的处理是否协调。另外，要注意亮面部分并不是完全留白，尤其是一些曲面和圆角的转折部分，在离视平面较远的转折处要有细微的明暗变化。

5. 阴影关系处理

在明暗的表现中，阴影的处理既可以使用排线来表现，也可以根据预设的光源方向，沿着产品底部的轮廓用深色马克笔或黑色马克笔加深产品底部投影并层层叠压。绘制时注意留白，不要涂得过死。同时对轮廓线进行修正和调整，突出整体效果。

下面提供一些案例图供大家临摹练习。（图 3-57）

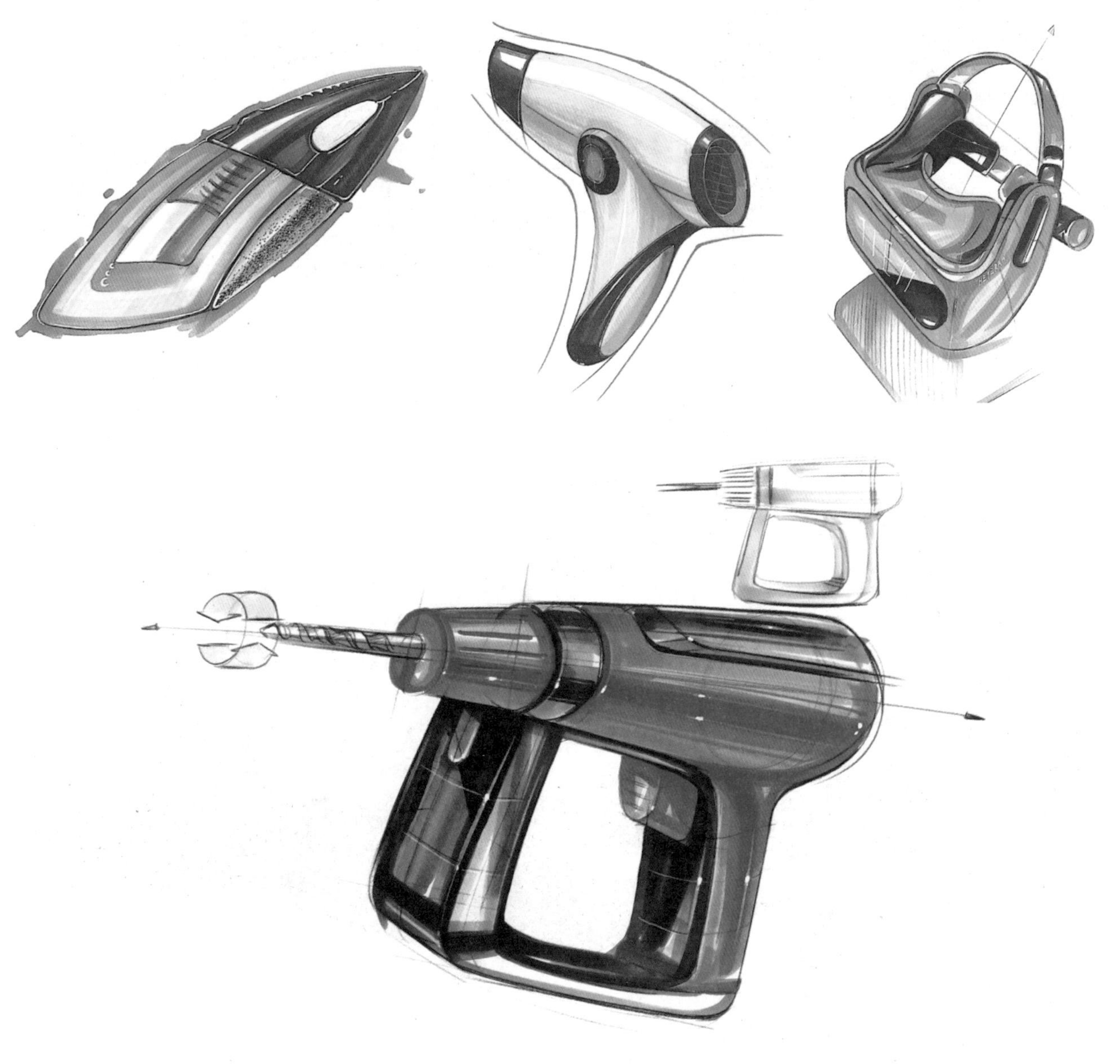

图 3-57　单个产品设计手绘案例

图 3-57（续）

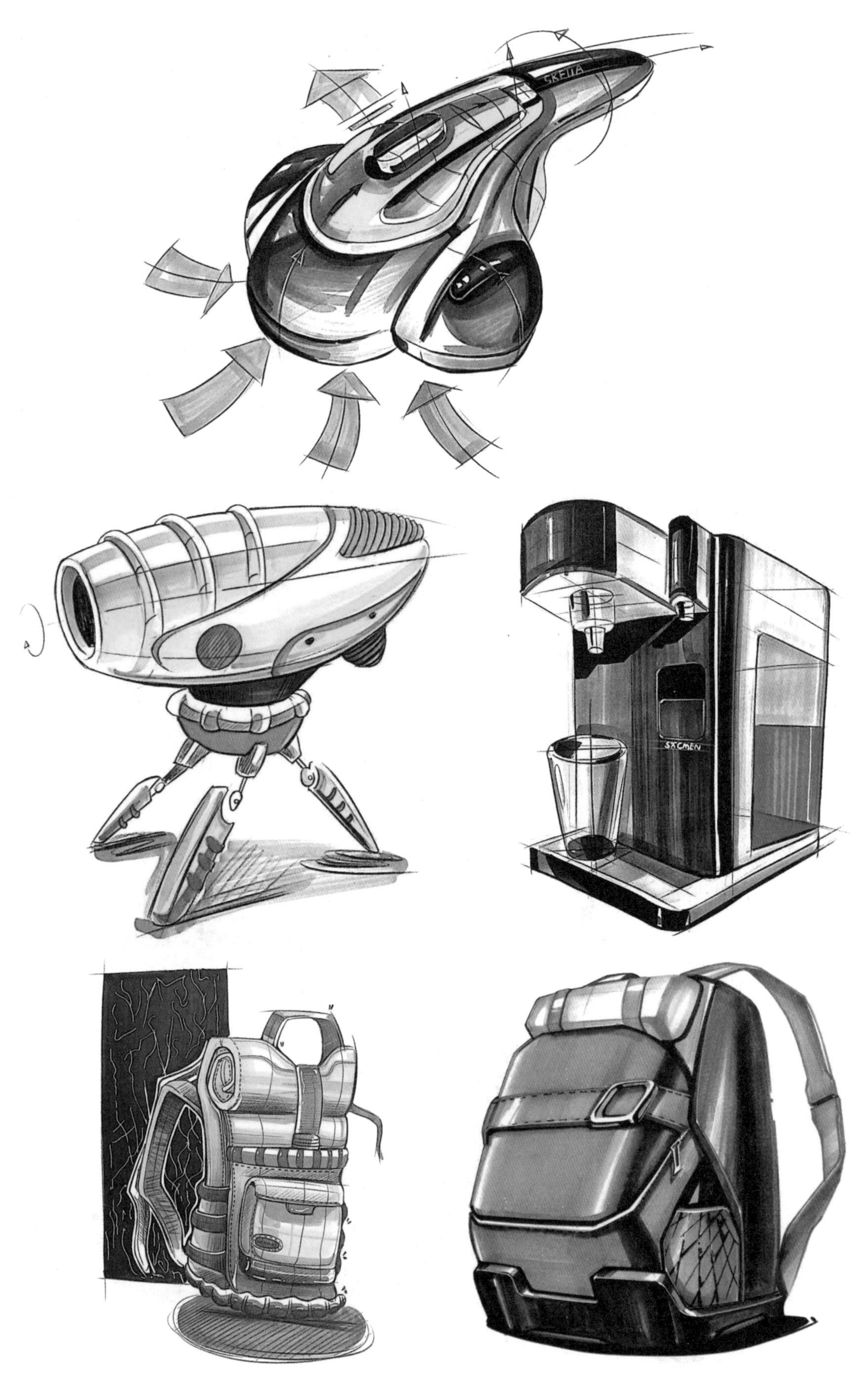

图　3-57（续）

图 3-57（续）

图　3-57（续）

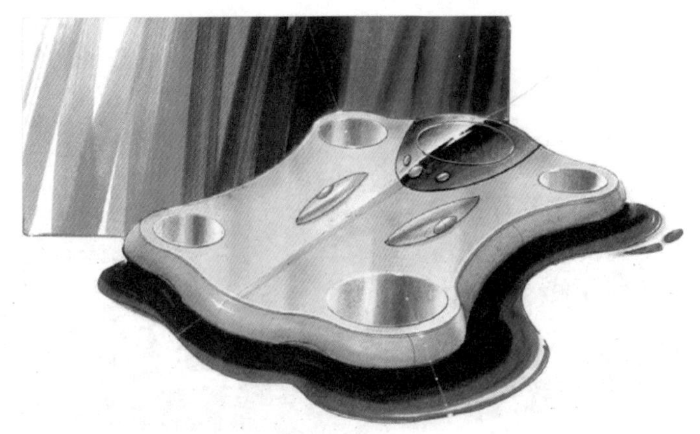

图 3-57（续）

本 章 小 结

本章主要是从简单产品入手。随着产品复杂程度的加深，逐步学习产品手绘的综合表现方法。对于单件产品的表现，需要注意两点：第一，把握好产品的透视关系和形体的结构走势，产品的光影关系以及与之对应形体的明暗关系。比如前文中讲述的游戏手柄，对于圆润造型的透视把握不好的初学者，可以先画矩形透视，再进行倒角修饰。把握好整体的透视之后，再进行小细节的描摹就会轻松些。第二，是受光后物体明暗的效果表达，要对大面积的留白效果多加学习和理解，特别是暗面中反光的效果表达，要敢于留白。

本章的难点在于材质的表达和产品细节的处理。要注意产品的整体感。在材质的表达上，比如，在表现木材的纹理时，需先用浅色铺底，再用深色画出木纹纹路，最后用浅色铺一层，让木纹的细节表现得更自然。在细节上一定要注意，再薄的材料也是有厚度的，要想给产品加上厚度，增加产品的立体感，不能仅仅只画一条外轮廓线。

临摹是手绘技法初学的必经之路，通过临摹可以学习到各种绘画技巧以及表现的整体处理方法，然后从中总结出自己擅长的或者喜欢的风格，再逐步形成自己的表现风格。

第4章 手绘技法在设计中的综合应用

本章学习目标：

1. 熟练掌握产品手绘技法在快题设计中应用的方法。
2. 在设计过程中能准确表达自己的设计思想。

当我们熟练地掌握了产品的设计表现技法后，便可在产品设计的过程中进行应用。快题设计是最常被应用到的环节之一。为此，本章以产品的快题设计为例，对设计中的快速表现方法进行整体介绍。

4.1 手绘技法在产品快题设计中的应用

随着社会的进步和发展，工业设计面临着很多新的课题。设计师要在众多的限制条件下，寻求创新的思路，展现设计的创意。加之现代产品的更新换代越来越快，研发周期越来越短，不断快速、优质地推出设计新品成为占领市场的必要条件。这就要求设计师和设计专业的学生能在短时间内将创意有效地表达出来。

快题设计作为工业设计教学中的一种训练手段，需要在限定的时间内，用手绘草图、草模等快速表达的方式，准确地将设计创意和构思展现出来。它包含创意及构思的过程、必要的文字说明以及最终的设计方案和外观尺寸等内容。

产品快题手绘的对象一般是我们生活中每天都能接触到的产品，那么设计这些产品时应该注意哪些问题呢？一个完整的设计版面应该放哪些设计内容，才能清晰地将设计意图和内容表达出来呢？下面介绍两种最常见的版式，如图4-1和图4-2所示。

从图4-1和图4-2的排版布局可以看出，产品的效果图是版面中最重要的部分，要放在最显眼的地方，让观者能清晰地捕捉到我们所设计的是什么产品。其次才是产品的功能、细节、适用人群、使用场景图等。同时还需要将设计者的思考过程（如头脑风暴）、前期的设计草图以及设计说明等表达出来。当然，必要的时候还可以适当加入一些背景图、指示箭头等来丰富整体版面。

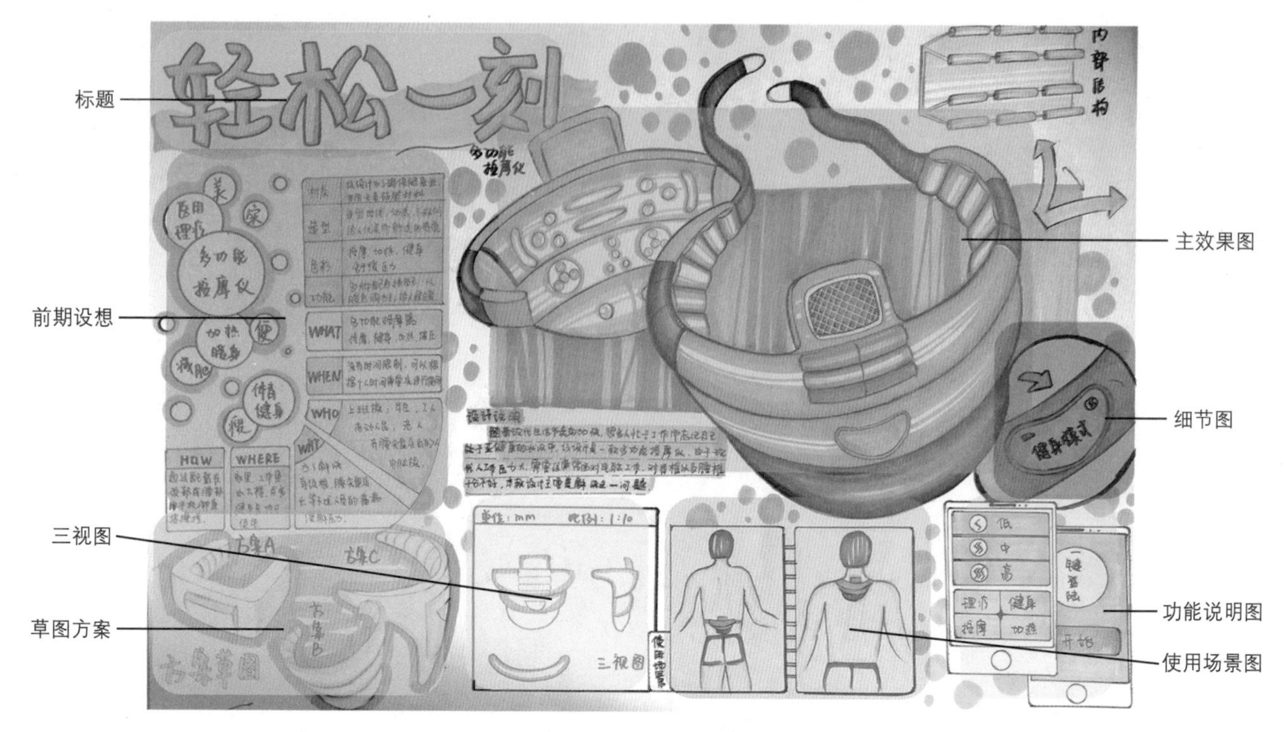

图 4-1　快题手绘常见版式（1）

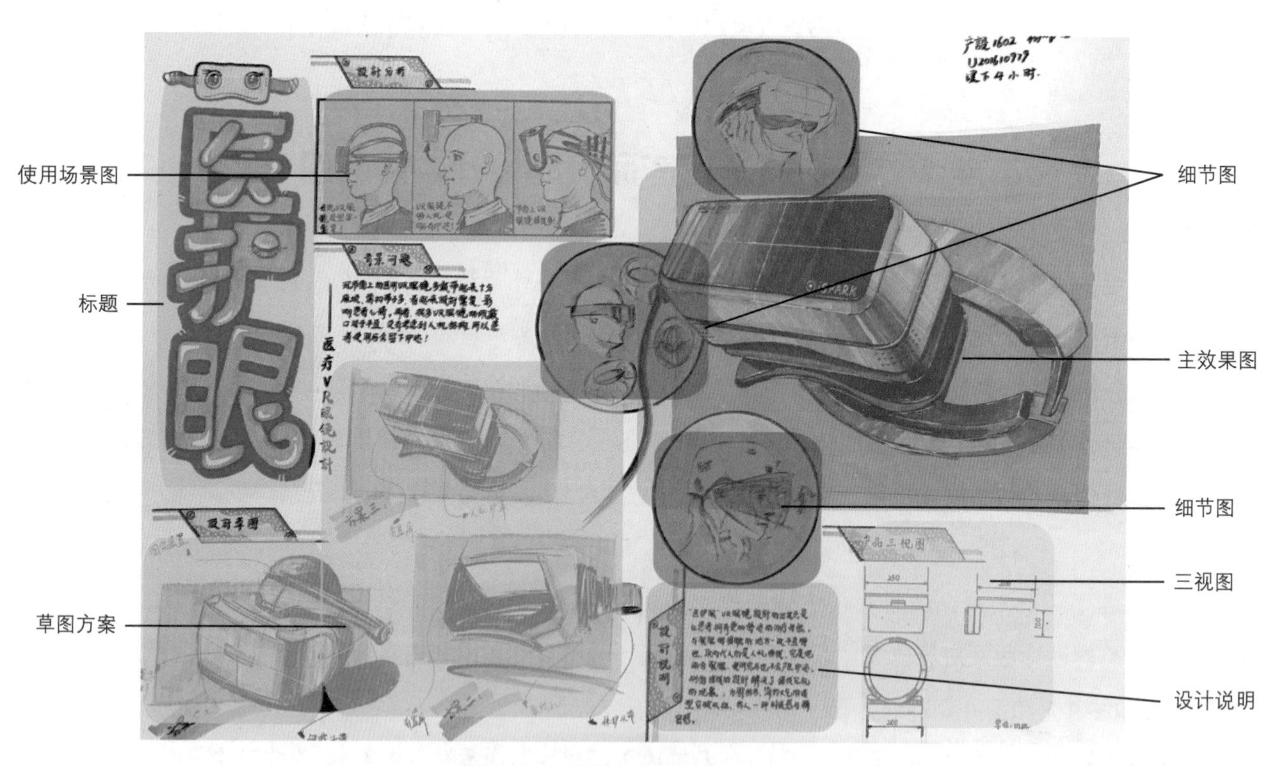

图 4-2　快题手绘常见版式（2）

4.2　表达方法

在表达过程中，设计者要考虑如何整体布局和排版，将前期构思、应用场景、爆炸图、细节图以及辅助示意图等信息进行完整的表述，让人能直观地了解到设计师想要表达出的意图。

排版的关键就在于突出设计的创意点，使人很容易能看懂和理解，通常用色会比较明快，在方案竞争中也会比较吸引眼球。画面颜色以两套色为宜，最好不要超过三套色，灰色系列可不算在内。

4.2.1　排版布局

我们应如何去诠释一幅设计作品，使他人能很快读懂设计意图？一个好的排版布局往往在很大程度上能帮助我们与客户进行沟通。完整的排版布局包括多视角的透视图、局部图、文字、爆炸图、辅助示意图等内容，这些都可对产品创意进行不同层面的表达与诠释。

以下两种类型的整体画面的排版布局最为常见。

1．以一个主体为中心的版式

此类型主要是以表现产品的外观和材质为主，全面地展现产品完整的效果，如图 4-3 所示。再辅以一些细节图、局部图和三视图等。一般采用 45° 视角，这样能最大限度地展示产品的外观，呈现出更多的细节。

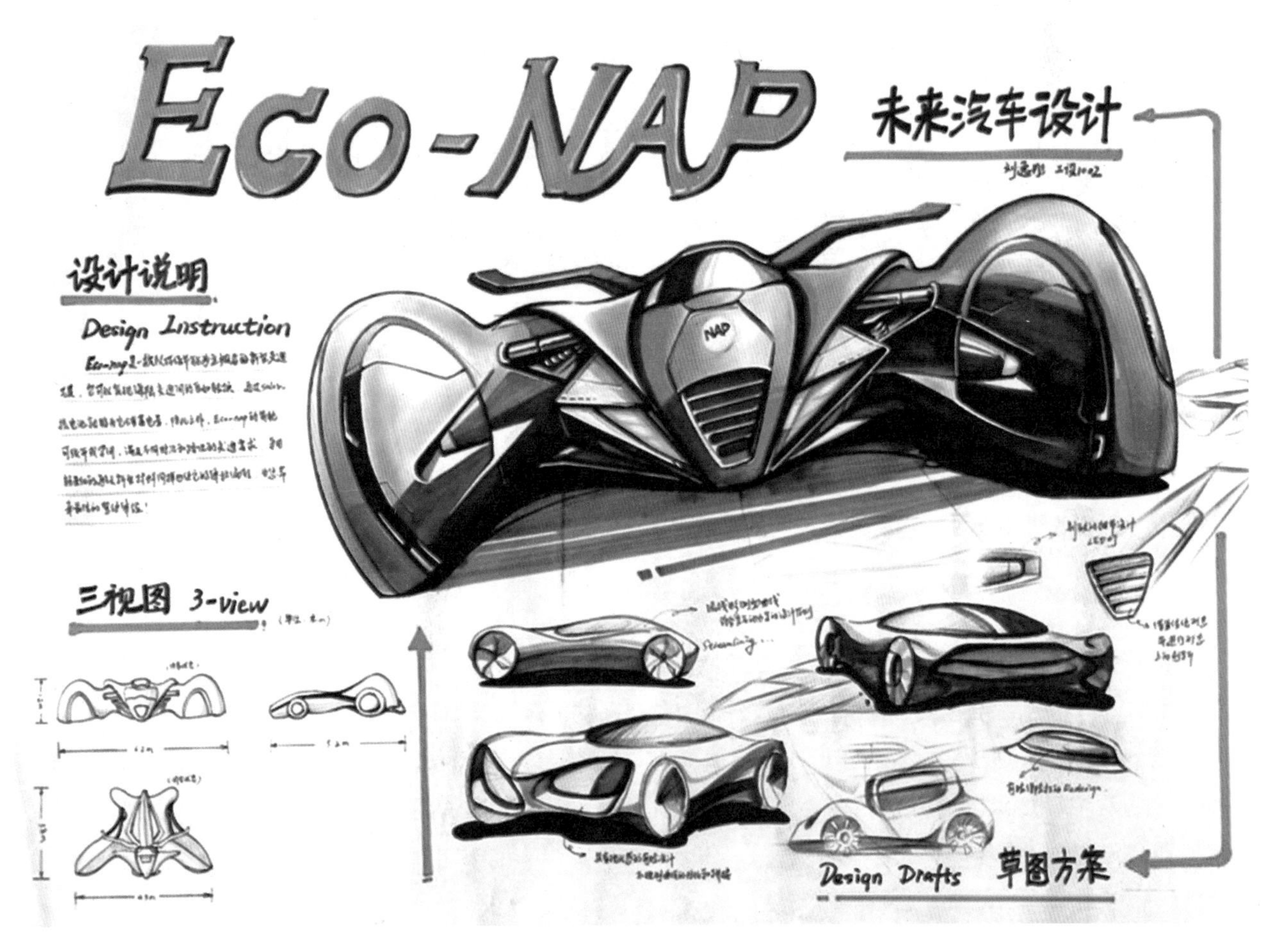

图 4-3　以一个主体为中心的版式

2．以两个主体为中心的版式

此类型的版式可以展现一个产品的两个不同角度，通过多方位地介绍产品的形态和结构，可以使客户更清晰地了解设计的概念和想法，如图 4-4 所示。一般我们采用两个 45° 角的方向，从两个不同的角度进行剖析，形式上是可以灵活处理的。

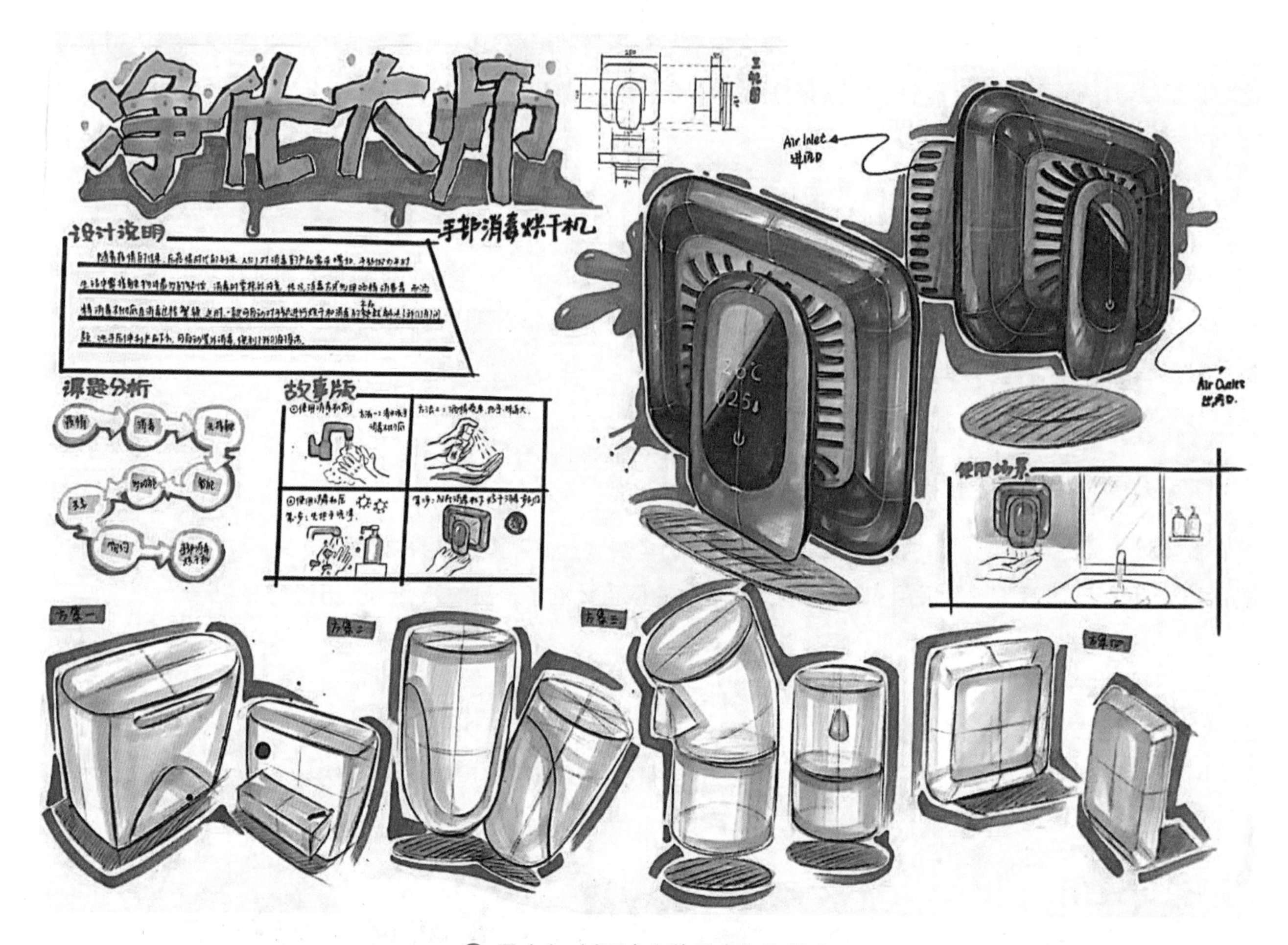

图 4-4　以两个主体为中心的版式

4.2.2　前期设想

如何在快题设计中展现我们的创意与思维过程呢？常用的一般有两种方式，一是思维导图；二是角色分析。

1．思维导图

思维导图是设计师最常用的设计方法，在绘制思维导图的过程中，设计师除了用一些文字的方式表达自己的想法，也可以在有灵感的时候通过绘制一些用户行为或产品功能来明确设计方向。

在思维导图中，可以通过文字、图形或者小故事的方式来表达自己的思维过程，如图 4-5 所示。在设计教育类 app 的过程中，用绘图式的头脑风暴会起到重要的作用。设计师除了使用快速绘图的方法之外，还可以用马克笔和思维导图的方式提出一些创意概念。

2．角色分析

人物角色分析是指用图形的方式绘制出目标用户的详细特征。其中可能包括用户的年龄、职业、作息时间、爱好、生活习惯、薪资、购买力和购买偏好等，以及用户对特定产品的需求。通过对用户这些特征的描述和分析，设计师能够明确目标用户的特点和要求，提出产品形式和风格，甚至能明确产品的材质与表面处理。人物角色绘制的方法往往用于详细设计方案开展的前期，如图 4-6 所示，通过对目标用户的角色分析，可以明确设计方向，使设计工作顺利进行。

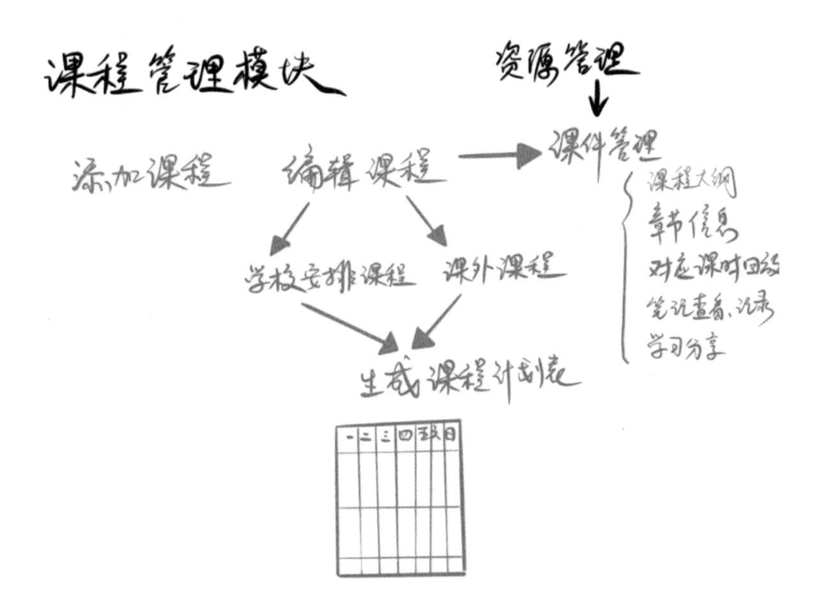

图 4-5　思维导图

图 4-6　角色分析图

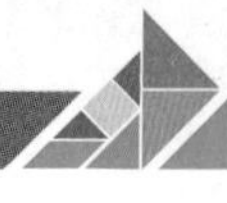

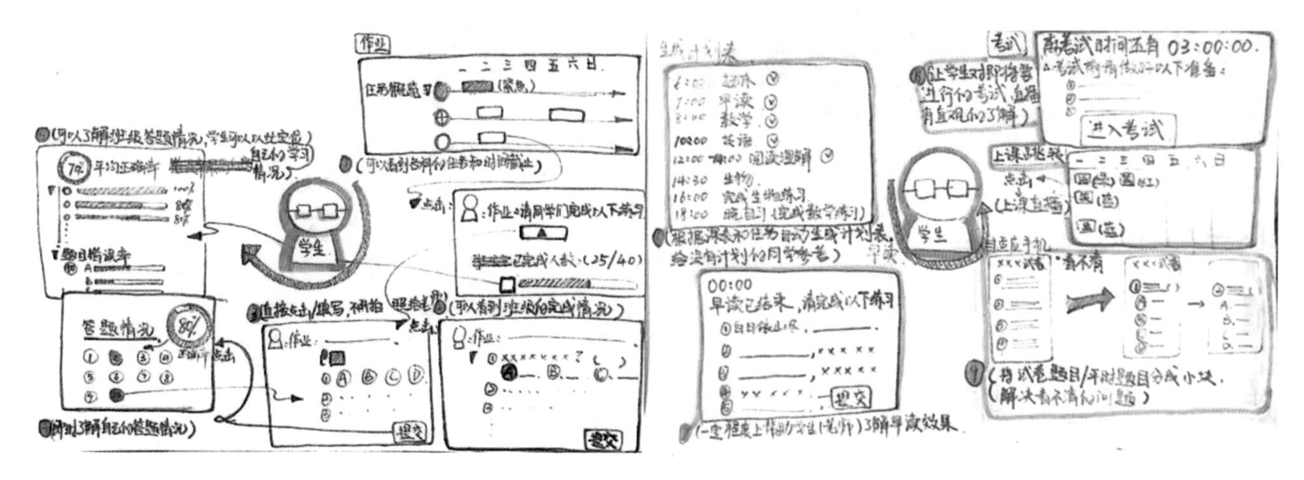

图 4-6（续）

4.2.3 使用场景图

我们在绘制产品时，也需要绘制出一些情景图来辅助性地表达产品的使用环境，如图 4-7 ～图 4-9 所示，使用场景图可以给人们提供一种可视化的引导作用。这种感性的交流方式，不仅可以确保观者对产品信息的准确理解，也可以帮助设计师结合故事性的创意草图，对故事中的产品信息进行更为全面和深入的思考。

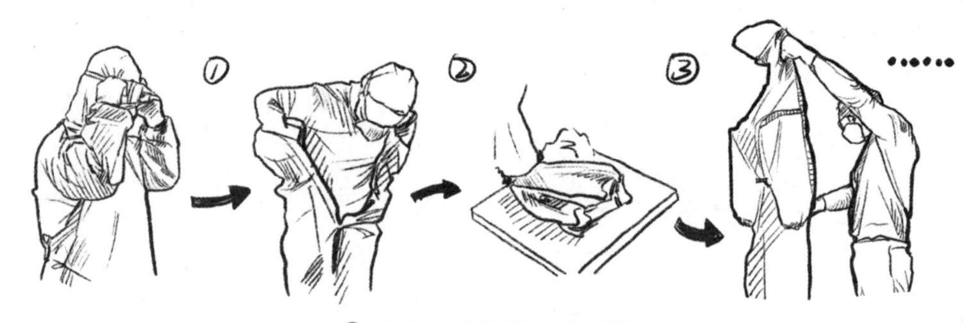

图 4-7　防护服穿戴过程图

图 4-8　行李箱使用场景图

图 4-9　快递车使用场景图

情景使用图的绘制无须过于精细，只需要将信息完整地表达出来即可。

关于产品情景使用图的作用可以归纳为以下三点。

(1) 交代该产品的使用环境。

(2) 体现出产品与使用者之间的尺度关系。

(3) 清晰地表达出产品操作和使用的方法。

4.2.4　标题

醒目的标题可以让人一目了然地知道设计师想要表达的产品是什么。所以进行版面设计时，在标题上做一些字体设计同样可以吸引眼球，并与整体版面相互呼应。

我们将这种标题字体也称 POP 字体，其表现形式夸张幽默，色彩对比强烈，容易吸引人的注意力，如图 4-10 和图 4-11 所示。虽然标题在整个版面中的比重不会太大，但却是吸引读者并快速说明产品的一种较为可行的方法。

图 4-10　标题样式（1）

图 4-11　标题样式（2）

4.2.5　指示箭头

指示箭头是用来提示视线移动方向的一种视觉符号。在展示产品设计方案的排版中，我们通常会用各种不同样式的指示箭头来表达设计过程的顺序、设计思路的延展过程，以及产品功能的展示等。这种表达方式，能使我们的设计意图更加清晰与完整。为此，我们提供了几种常用的指示箭头供大家参考，如图 4-12 和图 4-13 所示。希望通过对这些范例的理解和练习，可让读者尝试着绘制出更多不同形式和风格的箭头。

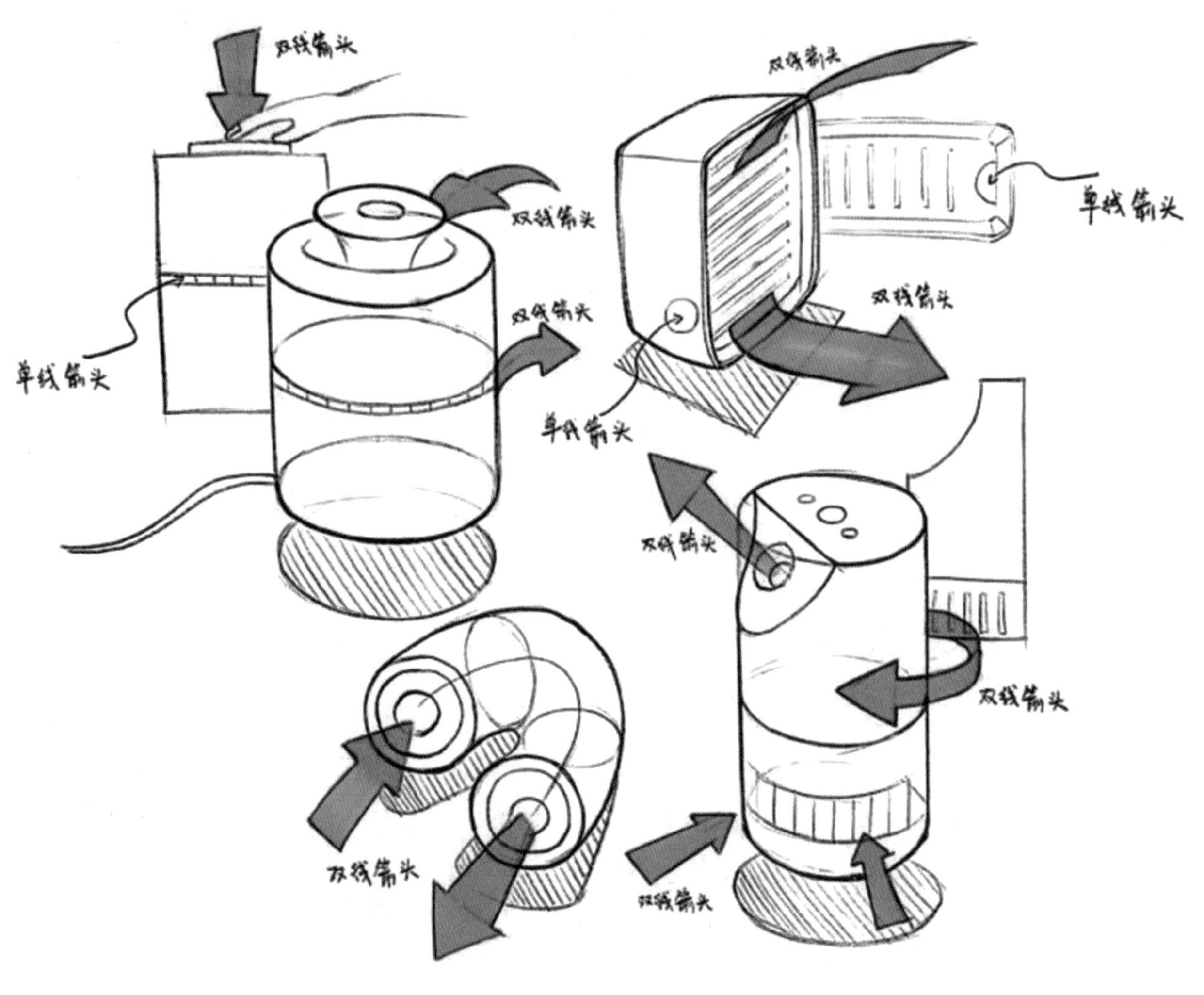

图 4-12　箭头案例（1）

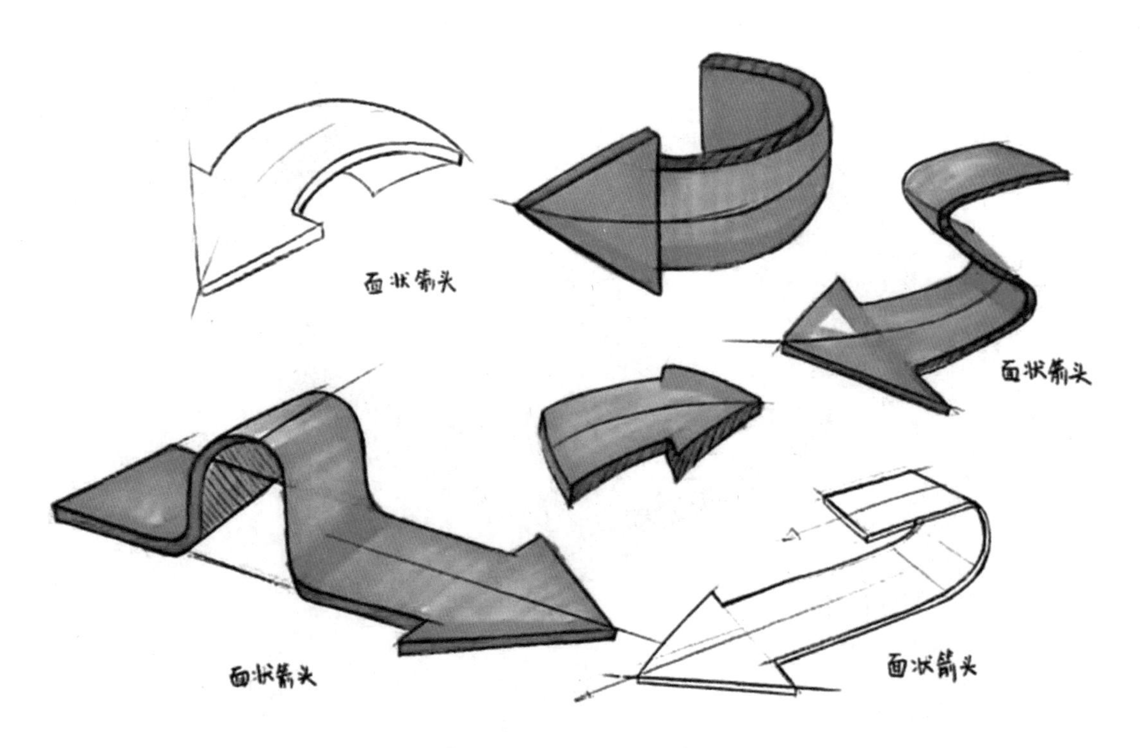

图 4-13　箭头案例（2）

指示箭头一般分为单线、双线和面状等类型。单线箭头是以单线条绘制的箭头，一般很细，常用来标注细节和名称，适当时候也可从图中拉出文字说明，但绘制时应注意控制好线条的粗细与三角形箭头的角度变化。双线箭头是以双线条绘制而成的箭头形状，在绘制过程中需要注意箭头的透视变化，控制好箭尖和箭尾的角度。面状箭头使用起来会更加醒目，必要时还可配上阴影，使之更有立体感，与产品造型更加契合。

总之，指示箭头作为视觉辅助性符号，在绘制过程中需要配合产品和整个画面的风格，不可在画面中显得过于突兀。如果整个画面比较酷炫，那么箭头也需画成酷炫风格；同理，如果整个画面偏可爱风格，箭头也需画成偏可爱风格。

4.2.6 爆炸图

爆炸图是对设计概念的进一步诠释，是一种深化性设计，主要是为了清晰地阐明产品的内部结构以及拼接形式，方便他人理解产品，如图 4-14 所示。

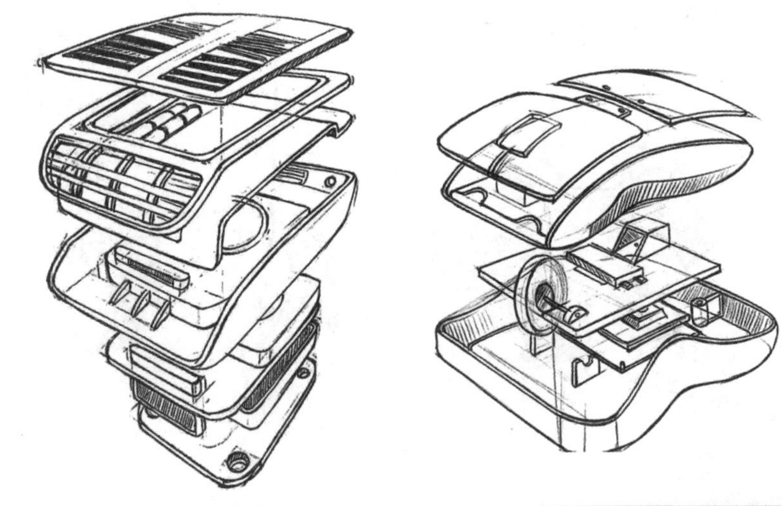

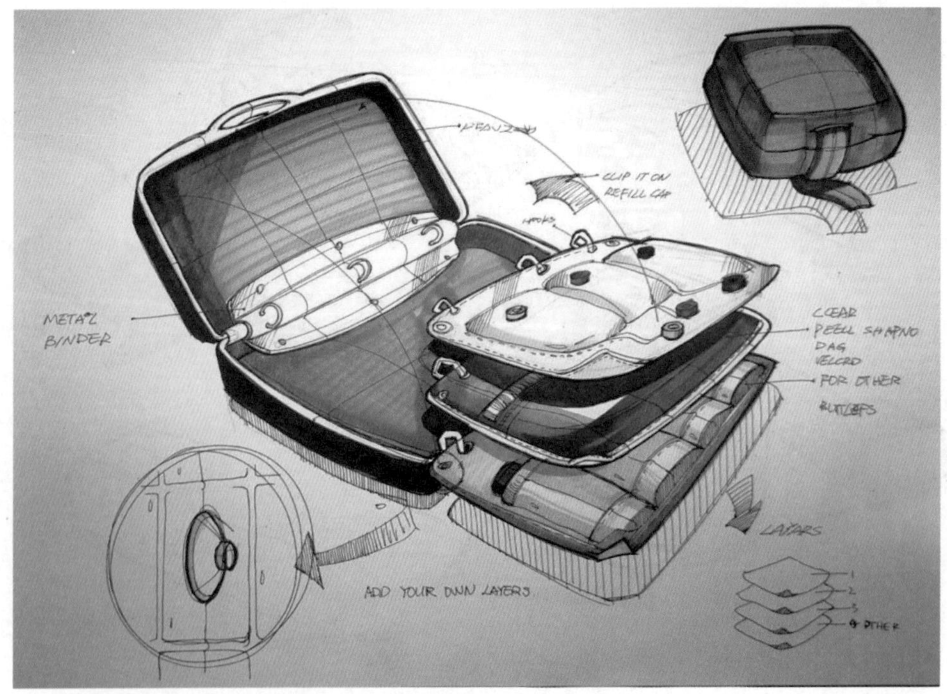

图 4-14　产品爆炸图

产品的效果图可以清晰地反映产品的外观、比例、结构、空间关系等，爆炸图则主要是用图解说明各部分构件的结构和装配方式等，帮助我们理解和推敲产品基本结构设计的合理性，以及产品落地的可行性。在产品手绘阶段，我们多以局部部件的爆炸图为主进行单个刻画。

4.2.7　背景图

在产品手绘中，背景图一方面可以对产品起到衬托的作用，另一方面也可以将画面上零零散散的细节图串联起来，形成一个完整的画面。初学者可以利用规则的长方形来衬托主体；在基本技巧掌握熟练以后，可以根据产品的特性、功能以及整体版面的风格，再进行创意性设计。需要注意的是，背景图的大小要适宜，既要起到衬托的作用，又不能喧宾夺主，如图 4-15 所示，合适的背景图能够为画面创造一种空间感，丰富整体版面。

图 4-15　产品背景图

4.2.8　细节图

在产品设计过程中，为了能更好地表达设计意图，往往会添加一些细节图来进行说明。这些细节图有一些是具有功能性的说明特征，有一些细节则是具有装饰性说明的特点，这两种细节都是对产品设计的进一步表达。优秀的产品设计表现图能将设计创意、产品的外观、功能以及细节很好地融合在一起，使产品设计在各方面都能达到高度的一致和完美。

产品手绘中的细节图分为两种：局部细节图和细节特征图。

（1）局部细节图：在绘制产品手绘效果图时，有一些比较重要的细节，在整体效果图中因所占比例较小而不能表达得较为充分、具体，便可以将这个局部用箭头的形式引出来，并等比例放大，将产品的造型、结构和材质等特征做进一步的说明。同时，也会起到丰富画面的作用，如图 4-16 和图 4-17 所示。

（2）细节特征图：在绘制产品手绘效果图时，并非需要将细节图全都脱离出来。有时也可以依据产品的结构添加一些细节内容在整体效果图上，如图 4-18 所示，这样不仅可以使设计效果图看起来更具有真实性，同时也能使整个设计显得更加生动、直观。

图 4-16　手握电子秤设计局部细节图

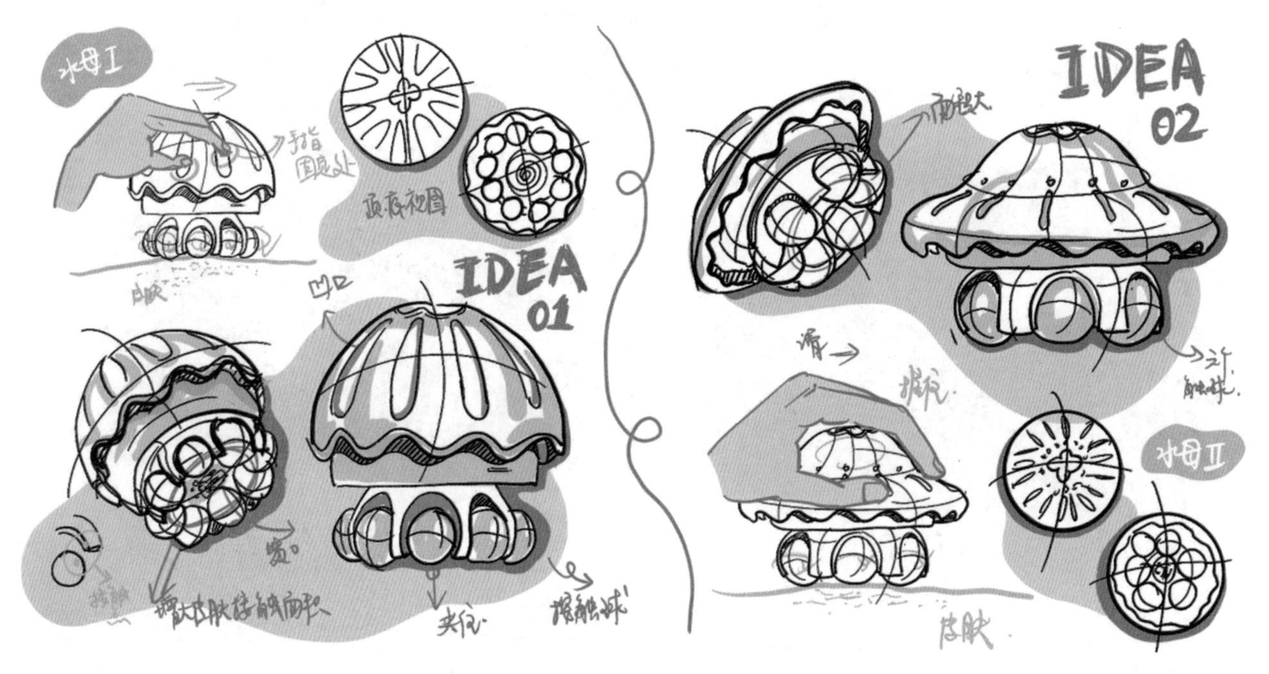

图 4-17　产品局部细节图

4.2.9　辅助示意图

在产品手绘过程中，为了进一步说明产品的尺寸或人机关系，可以通过产品与人体之间的互动关系来进行辅助性的设计表达。

我们知道，手的基本动作有抓握、放松、提拉、按压、捧举等功能性特点，具有很大的灵活性。所以，在手持类产品的绘制过程中，如图 4-19 ~ 图 4-21 所示，在考虑手与产品之间的比例和协调关系，以及手与产品之间的交互关系时，将手作为参照物，与产品放在一起进行对比，就可以很直观地表达出产品的使用方式了。

下面是几个快题设计的案例分享。

（1）设计一款儿童用电动牙刷。

设计理念：以儿童喜爱的卡通形象为设计元素进行造型设计，表达“方便生活，卫生舒适”的设计概念，并说明产品的功能特点。（图 4-22、图 4-23）

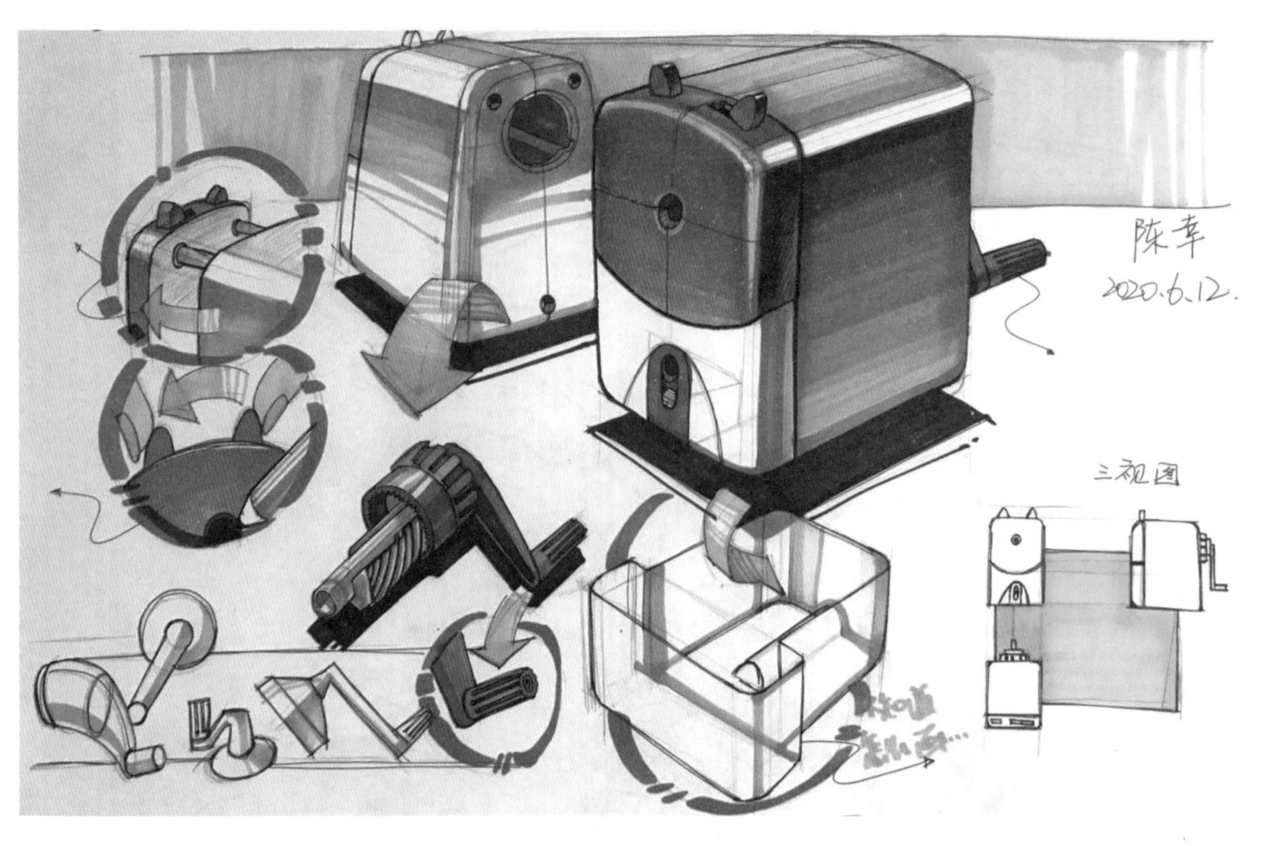

图 4-18　细节特征图

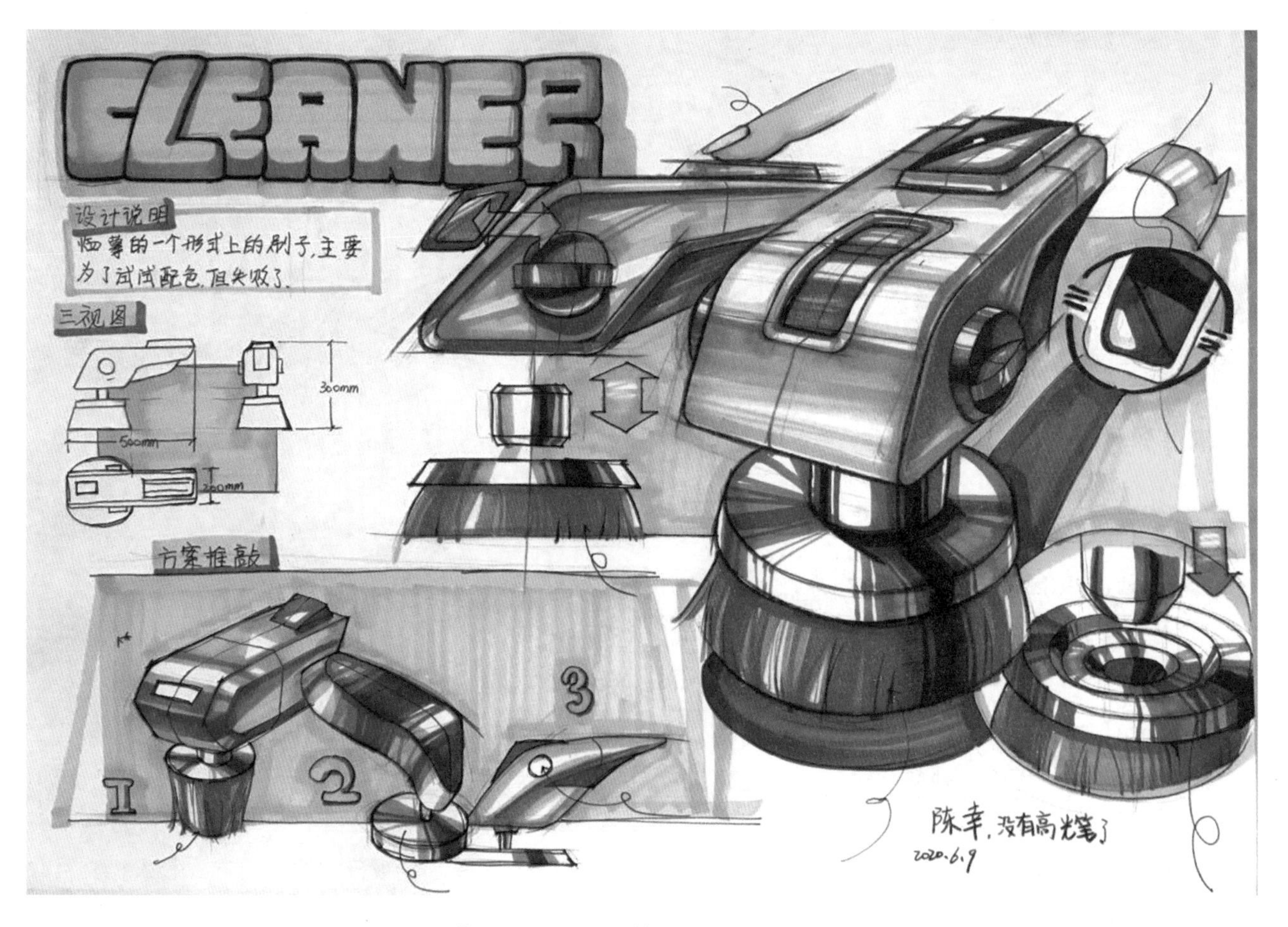

图 4-19　手指按压使用方法示意图

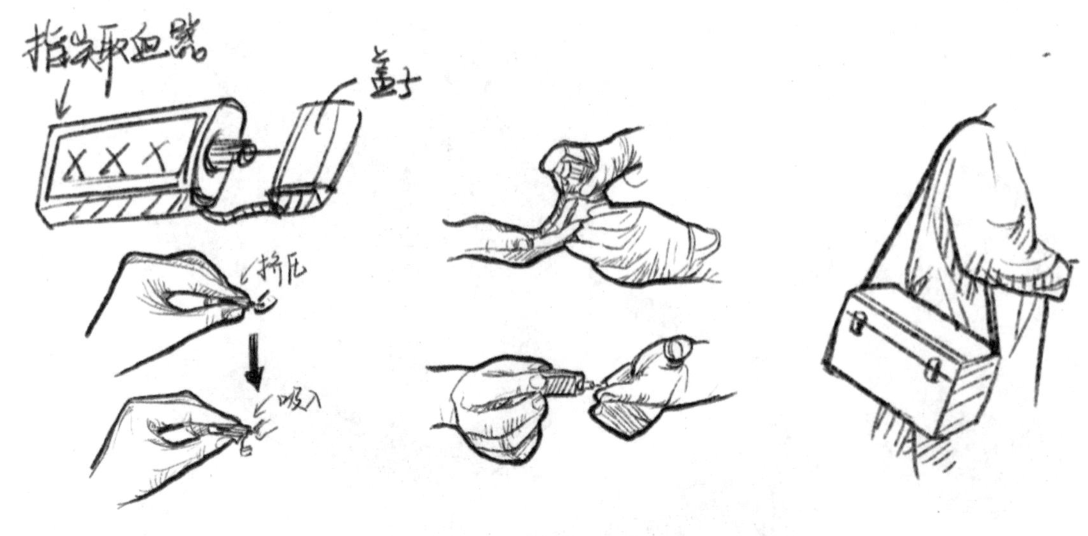

图 4-20　手持使用方式示意图

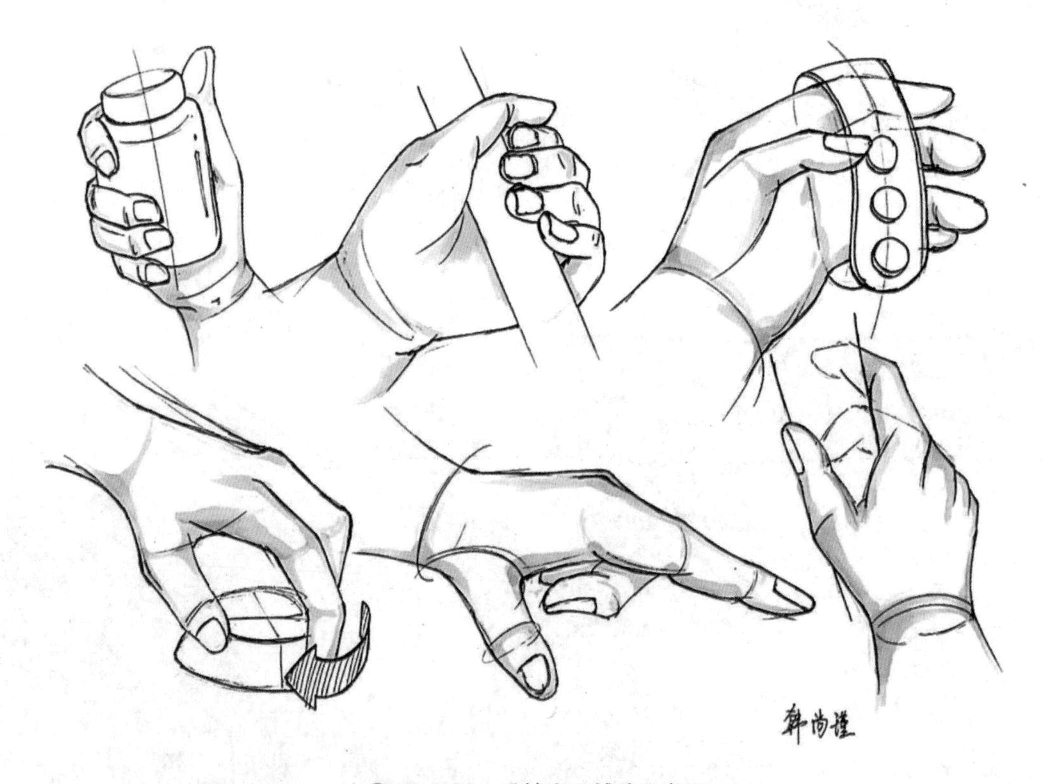

图 4-21　手持产品辅助示意图

（2）设计一款园艺割草无人机。

设计理念：以剪刀的造型为设计元素进行设计，说明如何通过割草机帮助人们享有更好的生活方式。（图 4-24）

（3）设计一款空气净化器。

设计理念：从功能着手进行空气净化器的设计，开启绿色低碳生活。（图 4-25）

（4）设计一款智能垃圾桶。

设计理念：明确如何通过机器来智能地帮助人们进行垃圾分类，展示垃圾分类的使用方式和人机交互效果。（图 4-26）

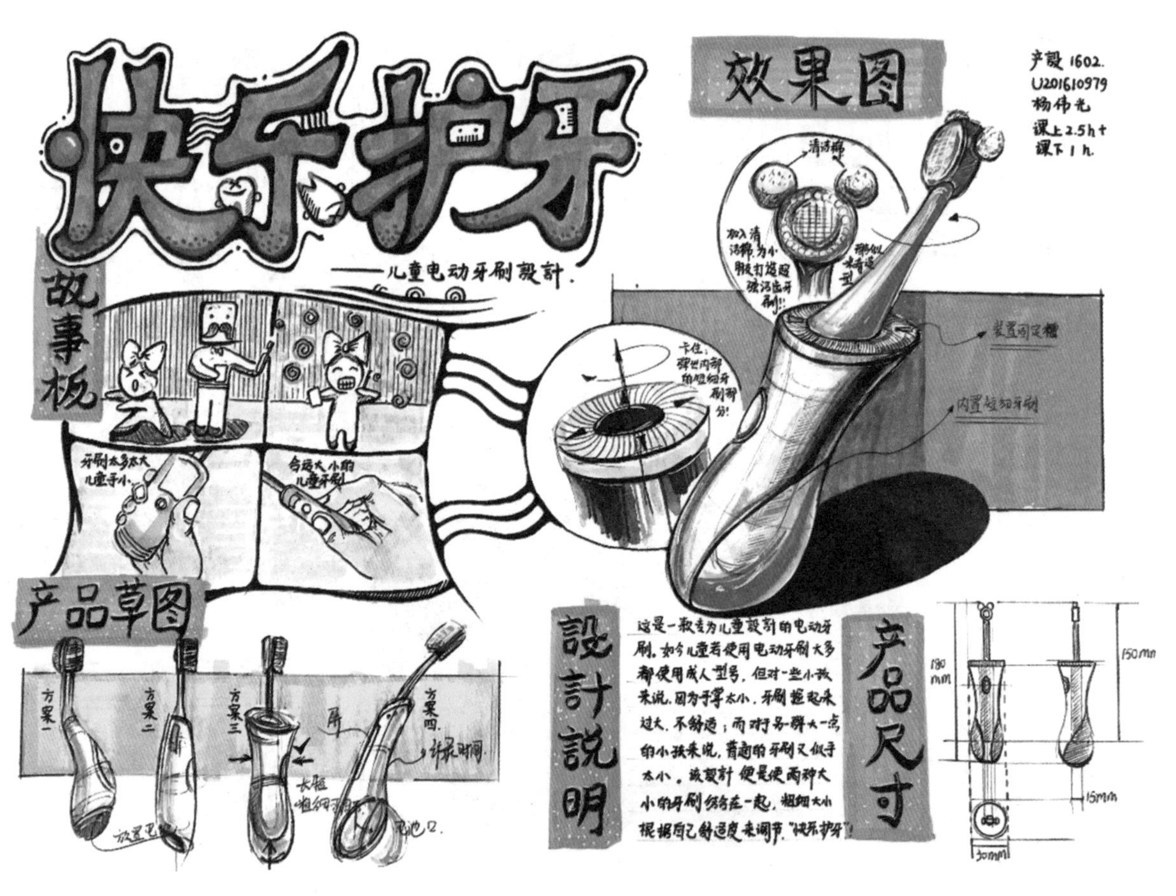

图 4-22　快题设计——儿童自动牙刷的设计（1）

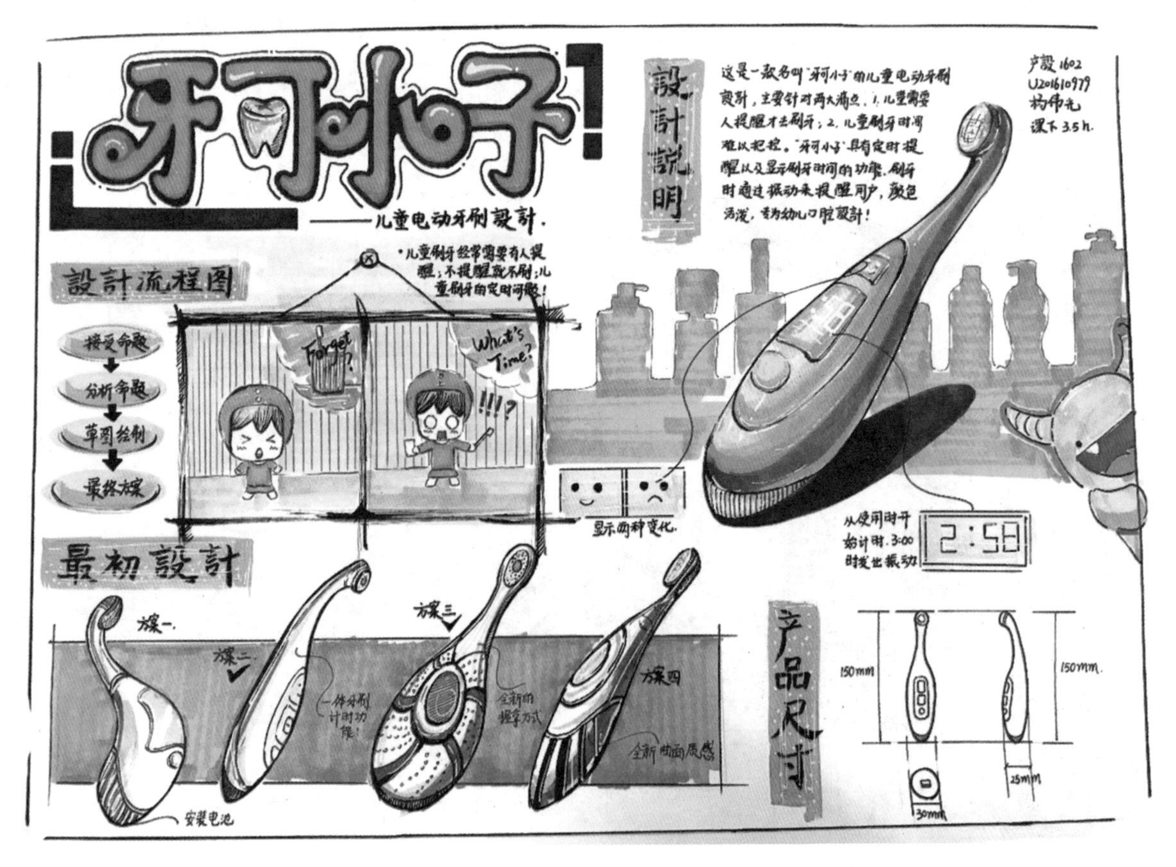

图 4-23　快题设计——儿童自动牙刷的设计（2）

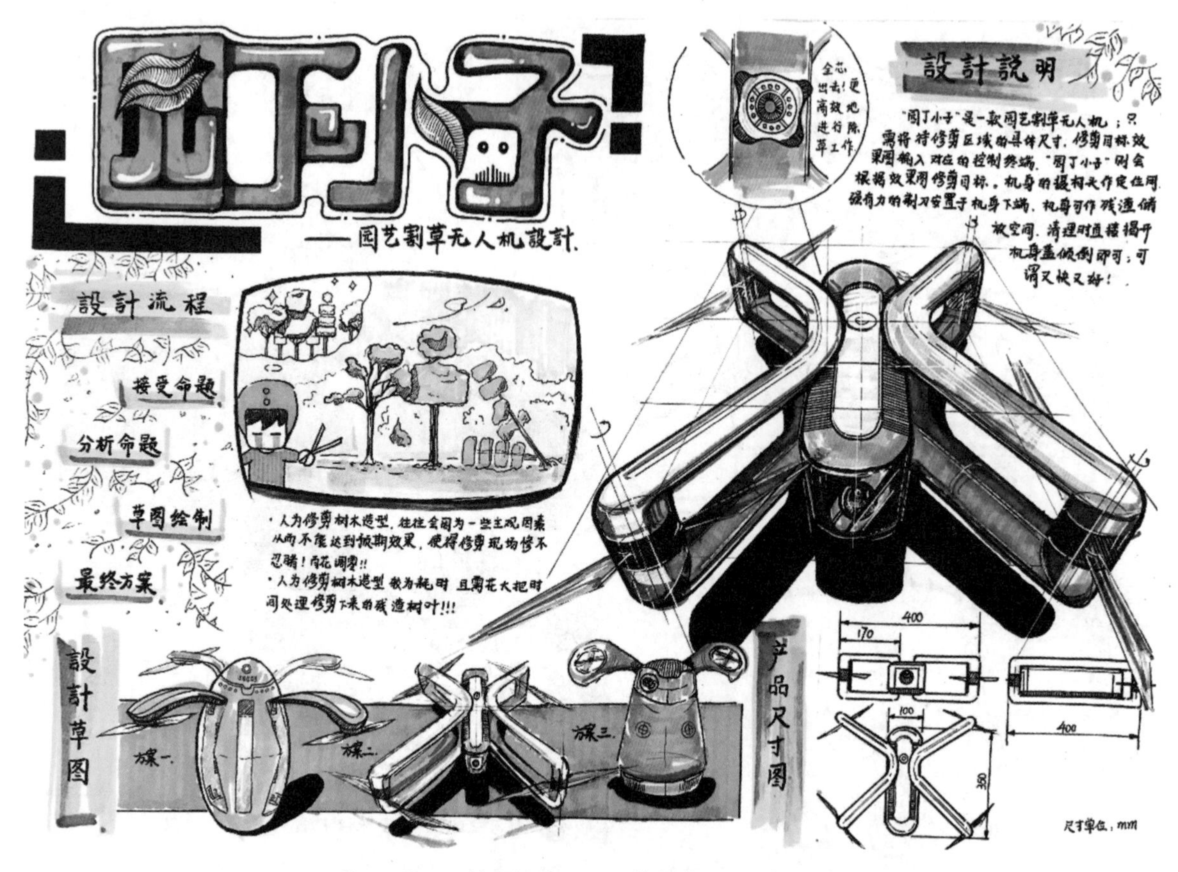

图 4-24　快题设计——园艺割草无人机的设计

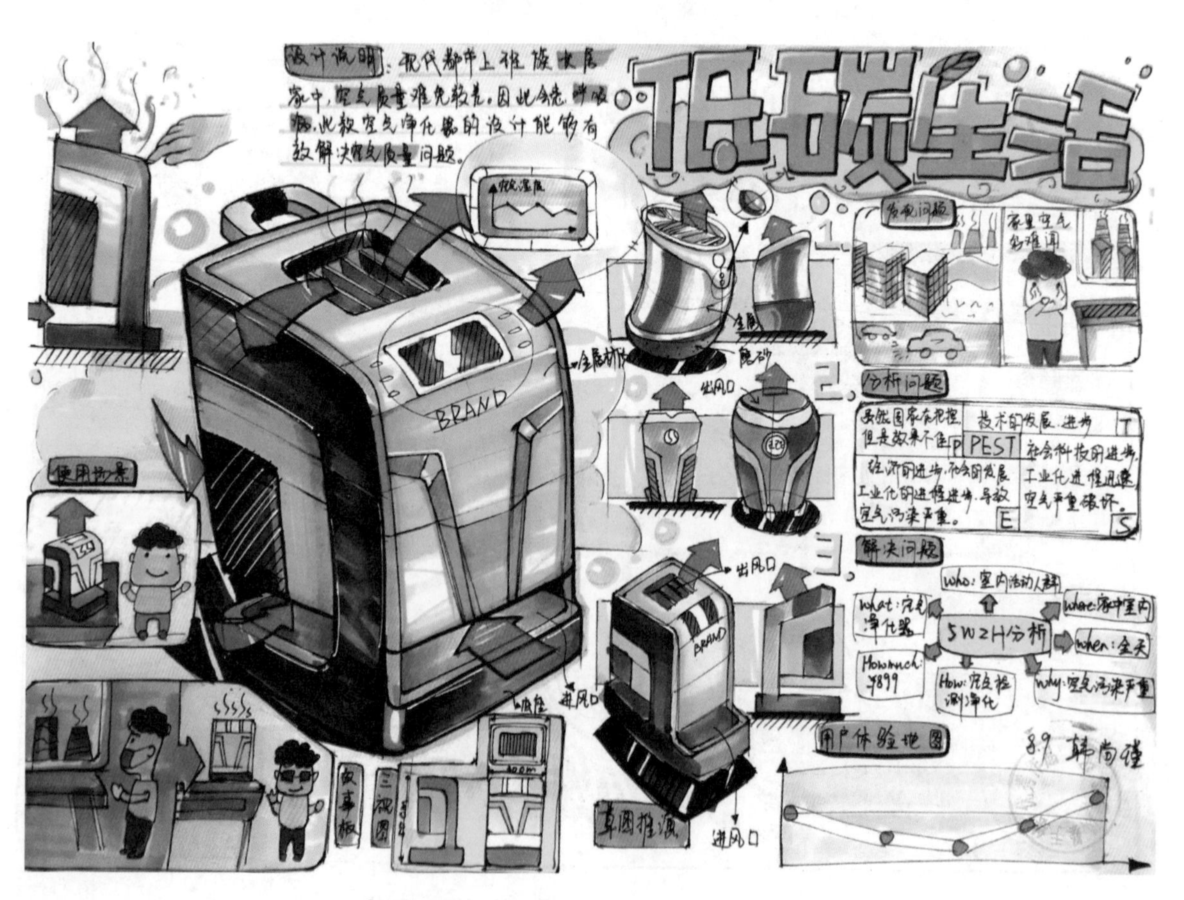

图 4-25　快题设计——空气净化器的设计

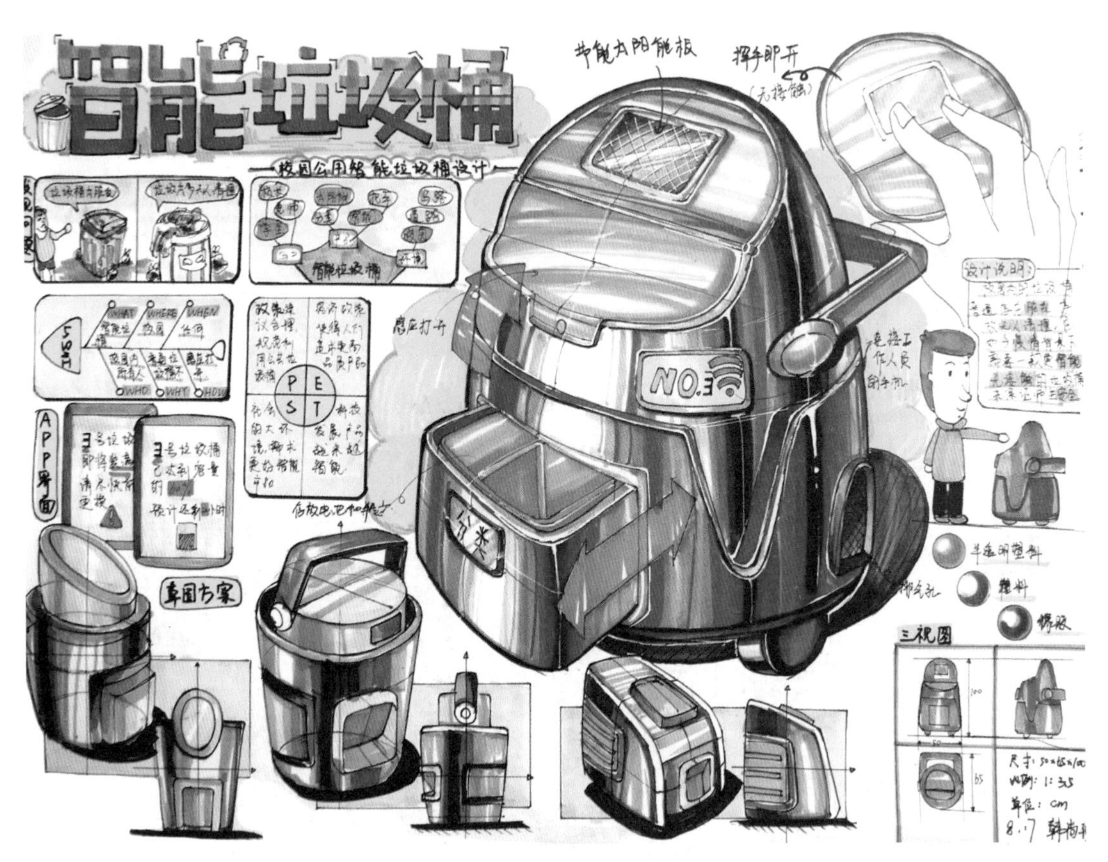

图 4-26　快题设计——智能垃圾桶的设计

（5）设计一款便携式小冰箱。

设计理念：设计一款可外出携带的小冰箱，方便户外使用，着重说明如何方便携带。（图 4-27）

图 4-27　快题设计——便携式小冰箱的设计

(6) 设计一款助力电动轮椅。

设计理念：着重说明如何让行动不便的人通过电动助力轮椅进行活动,强调产品的功能性特点。(图 4-28)

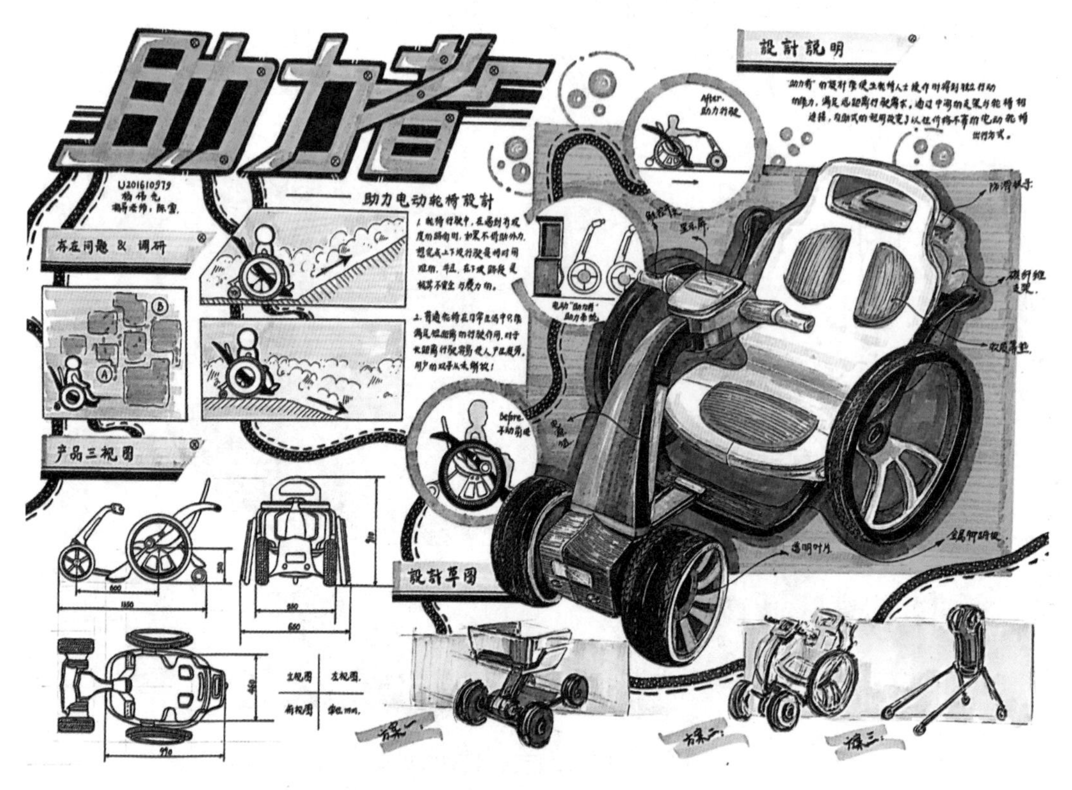

图 4-28 快题设计——助力电动轮椅的设计

(7) 设计一款除霾产品。

设计理念：明确除霾产品的功能特点、使用方式,以及功能与造型之间的关系。(图 4-29)

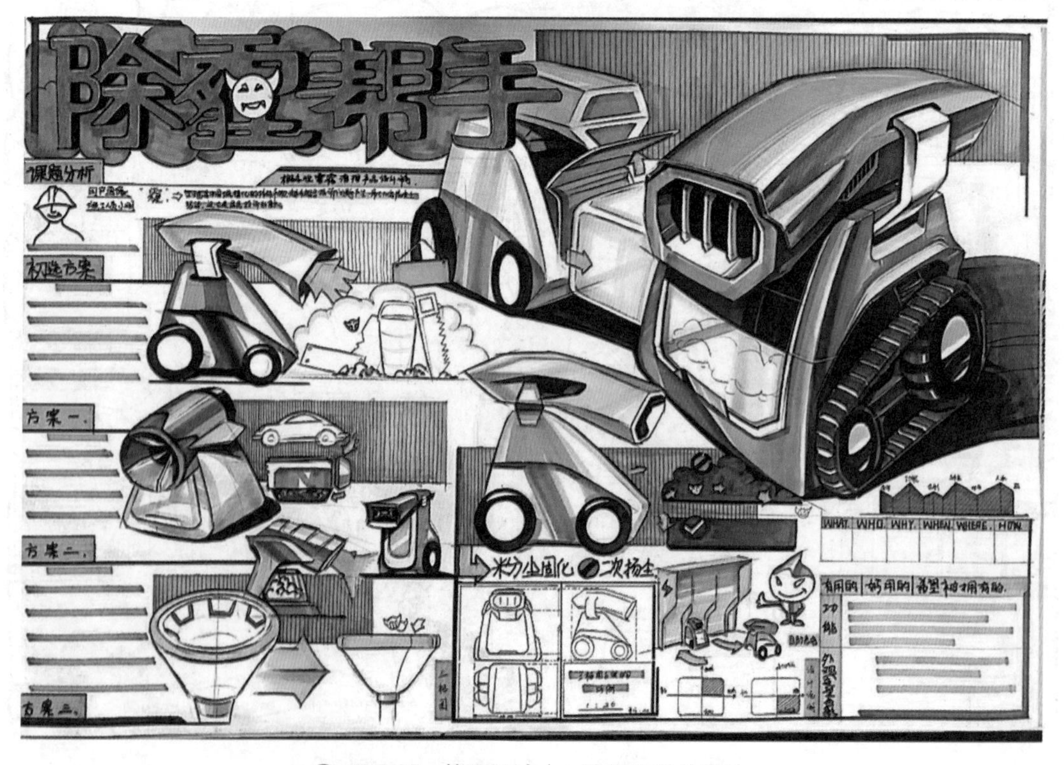

图 4-29 快题设计——除霾产品的设计

(8) 设计一款帮助盲人出行的产品。

设计理念：为盲人提供出行穿戴设备，帮助其行走避障，重点说明其使用方式。(图 4-30)

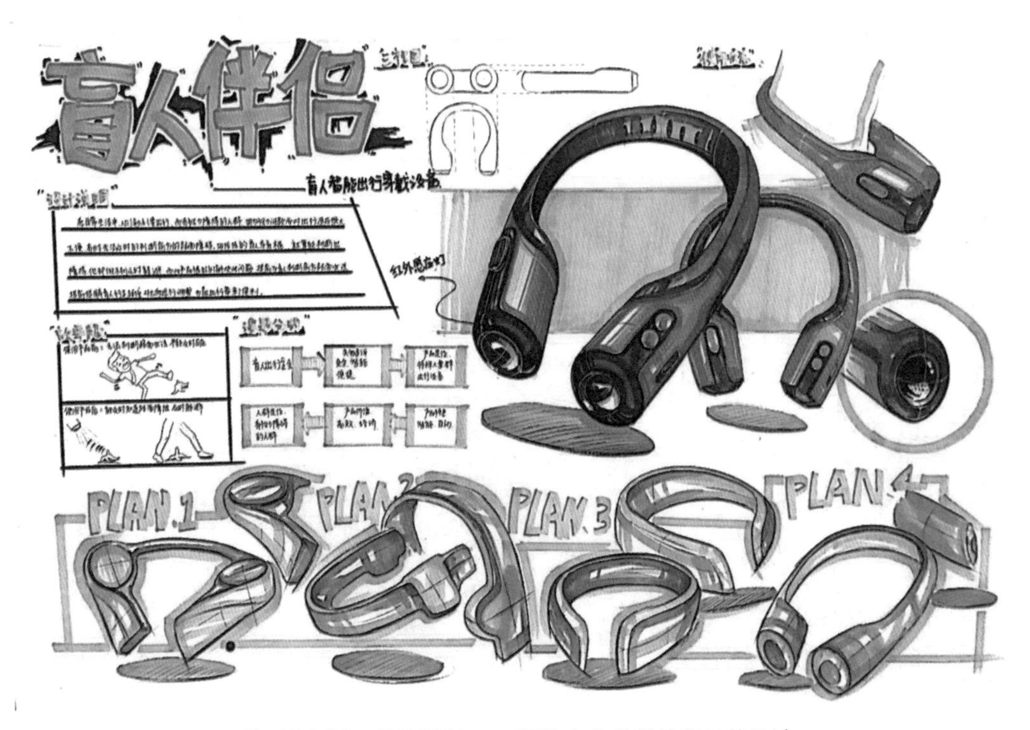

图 4-30　快题设计——帮助盲人出行的产品的设计

(9) 设计一款家用面包机。

设计理念：从造型特征入手，为家庭设计一款家用面包机，着重介绍产品的功能特点与使用流程。(图 4-31)

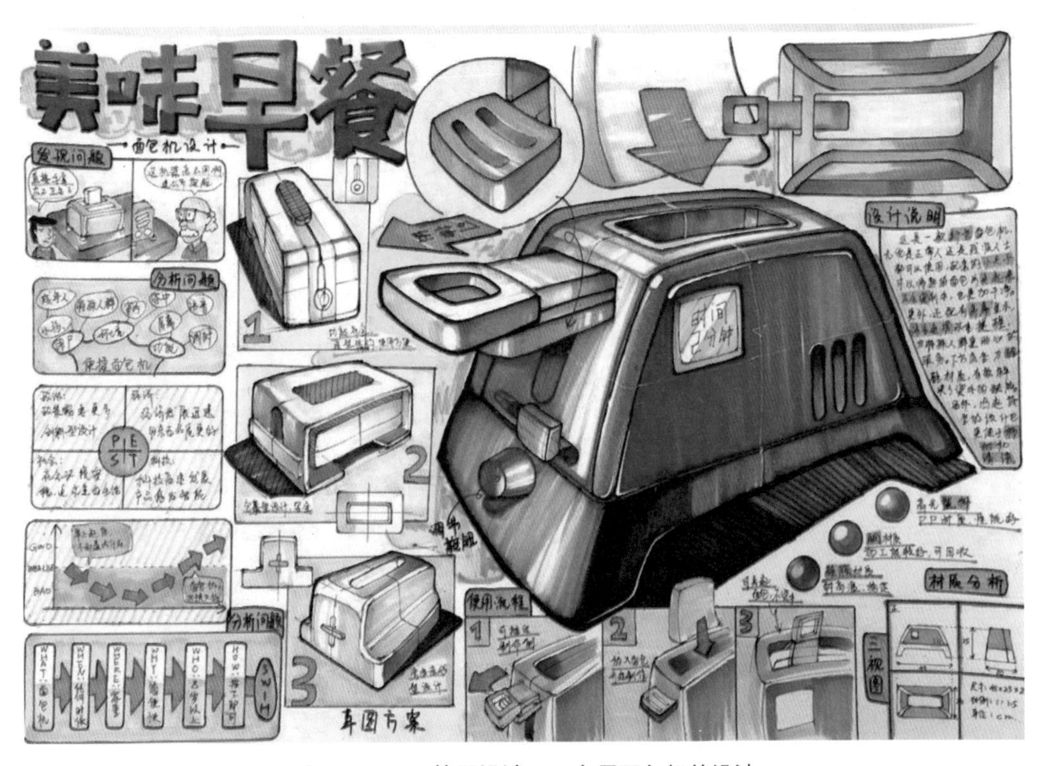

图 4-31　快题设计——家用面包机的设计

(10）设计一款推动大家光盘行动的产品。

设计理念：通过此产品鼓励大家光盘行动，体现创意性，并介绍其使用方法与流程。(图 4-32)

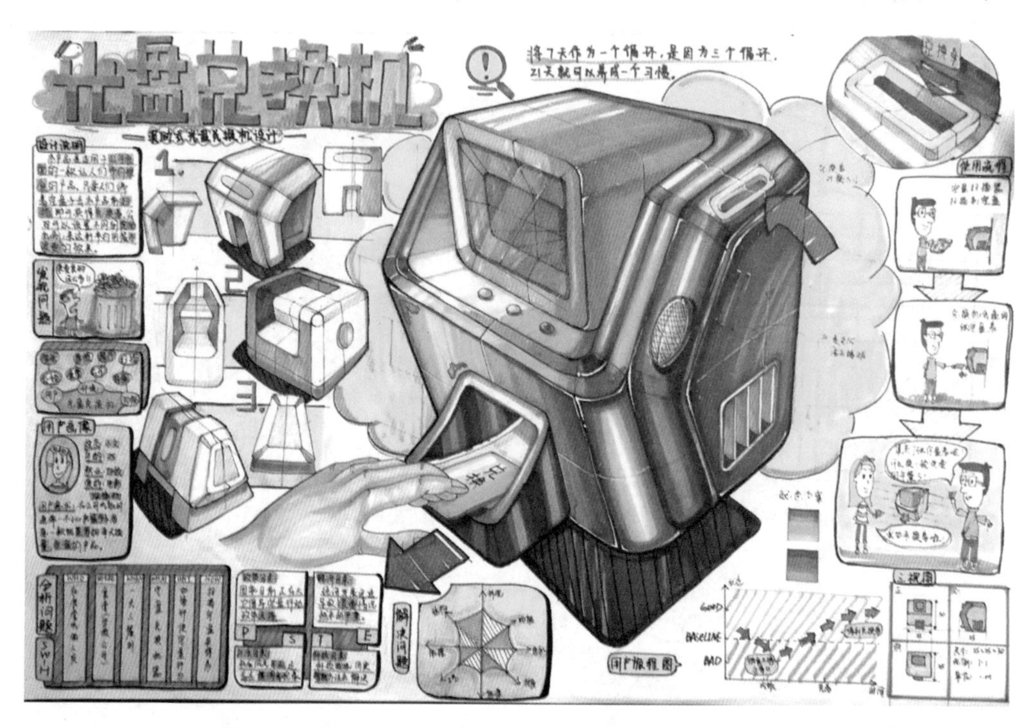

图 4-32 快题设计——推动大家光盘行动的产品的设计

(11）设计一款儿童陪护型机器人。

设计理念：以卡通形象为造型元素给儿童设计一款陪护机器人，介绍机器人的功能特征，如何陪护儿童一起成长。(图 4-33)

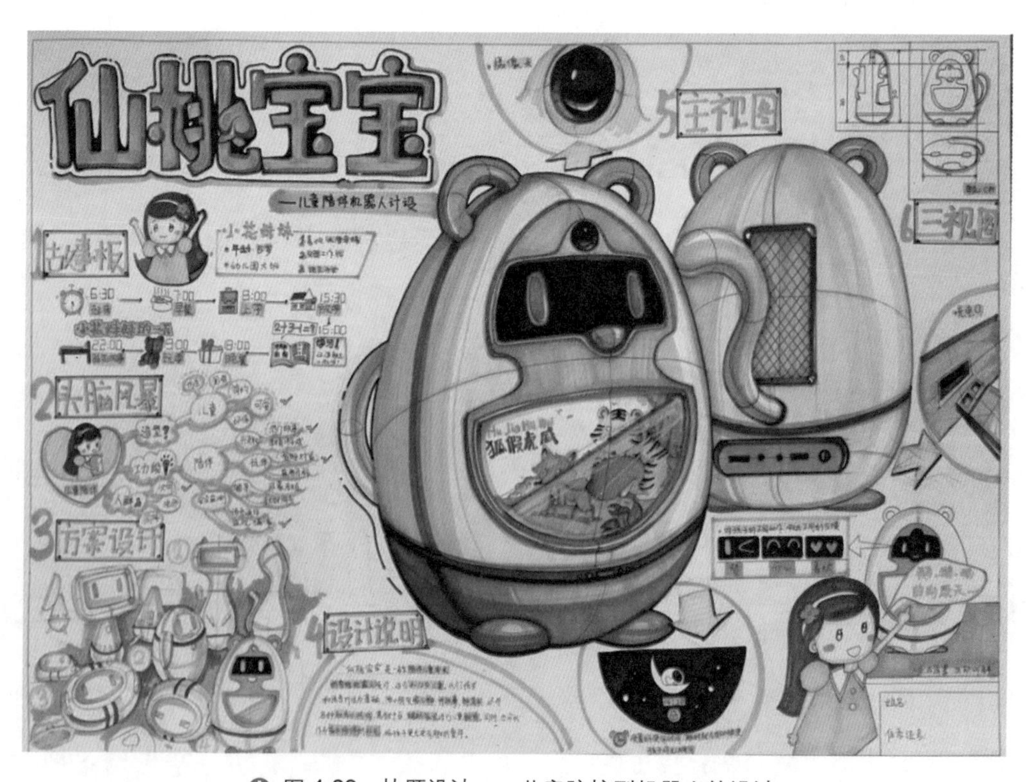

图 4-33 快题设计——儿童陪护型机器人的设计

（12）设计一款环保产品。

设计理念：设计一款收捡城市垃圾的小型机器人，以达到环保的目的，说明产品的使用方式与功能。（图 4-34）

图 4-34 快题设计——环保产品的设计

（13）设计一款户外便携式产品。

设计理念：从造型与便携式功能两方面入手，为出行设计一款多功能便携式背包。（图 4-35）

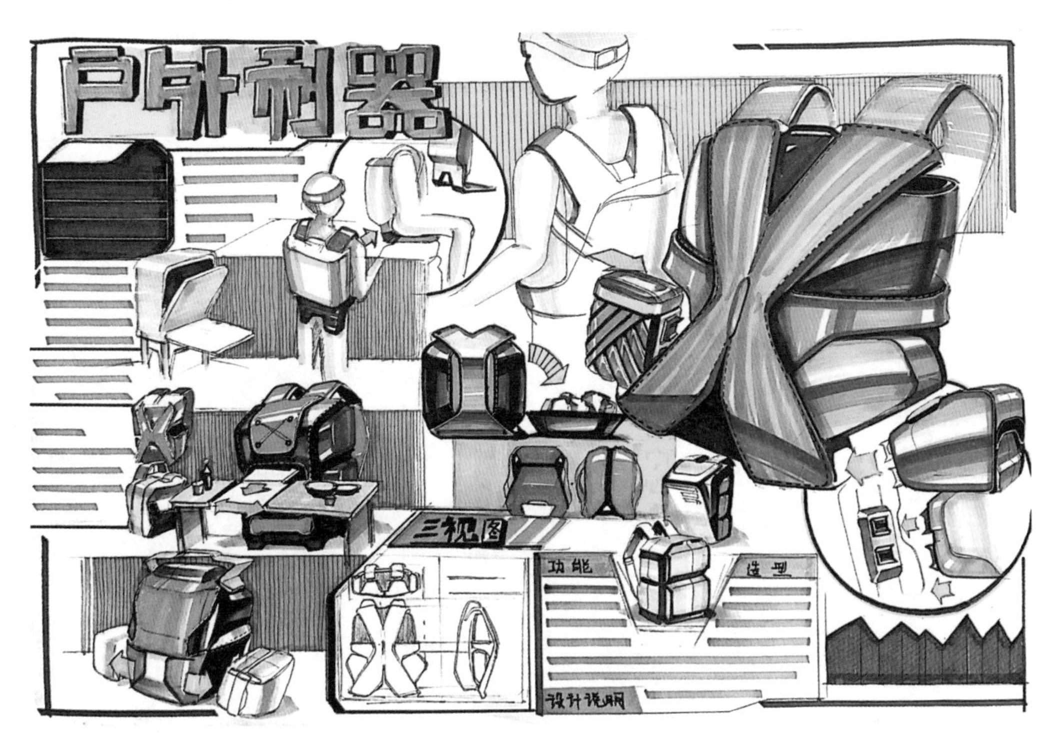

图 4-35 快题设计——户外便携式产品的设计

本 章 小 结

本章主要是从综合性手绘设计表达的角度，从单个产品的表现、产品设计过程的表达方法以及整体的版面设计3部分对手绘技法进行了讲述。在学习中不仅需要通过从简单到复杂产品的不断练习来领悟绘制的技巧，也要学会从案例的分析中找到快速掌握手绘技巧的方法。

在手绘表达方法的讲述中，着重列举了排版布局、标题、指示箭头、爆炸图、背景图、细节图及辅助示意图7个方面的内容。通过这些表达方法，能够将设计师的想法清晰地呈现出来。当然，画面排版的目的是要突出你的创新点，让别人一眼就能看出你绘制的是什么产品。所以，在版面设计中有几个需要注意的地方：一是版面的完整性。它不仅要包含画面所需要的内容，如上文提到的各种表达方法，也包括产品线稿的完整丰富和色彩的完成度。二是准确性。要做到线条、透视、明暗光影与材质表达的准确性，同时产品的形体要能够准确地体现出产品的功能和结构，特别是不能出现违背设计原则、设计规范以及设计常识的错误。三是逻辑性。画面要能完整地体现出产品的设计思维与设计过程。四是说明性。版面要让观者一目了然，明白产品的整体结构和具体功能。五是生动性。中心效果图要多角度呈现，能给人带来美的享受；版面既要整体和谐统一，又不缺乏细节表现，应张弛有度。

总之，对于产品手绘的综合训练，画面要干净、丰富且有层次，重点突出，设计思路也要清晰准确。

第 5 章
优秀学生作品欣赏

本章学习目标：

了解如何赏析优秀设计表现作品。

我们学习的表现技法的理论和方法大多都是在前人经验的基础上总结出来的，在现实中被证明是有效的，所以对于优秀表现作品的学习是提高设计表现技能非常重要的一个学习环节。

临摹优秀作品是快速提高表现水平的一种行之有效的方法，学习高水准的设计表现作品，不仅可以提高我们的审美水平，理解优秀作品的标准是什么，还可以通过欣赏各种不同风格的优秀作品开阔视野，突破固有的思维模式，从而对自身水平的提高起到潜移默化的作用。

对于优秀表现作品的赏析需要经过认真的思考和消化，才能对表现技法的提高起到较大的帮助。如果只是收集了许多优秀的作品，但是很少去研究，或者是走马观花地看，那帮助也不会很大。对于一些好的表现作品，应该将“赏”和“析”结合起来，一方面是欣赏，另一方面是分析。欣赏作品时，我们可以把他人的优点和自己的风格特点结合起来进行分析，这对于提高自己的手绘水平会更有效。

每个人的作品表现都会有不同的风格，通过对优秀作品的欣赏，可以了解自己的风格与哪些作品比较接近，通过学习优秀作品，可以逐渐找到属于自己的风格，这也是提高自己欣赏水平的过程。当然，在欣赏作品时，内容可以不局限于产品手绘图，也可以看其他领域的表现作品，比如电影或游戏产业的设计师作品、插画作品、环境艺术作品等，广泛地涉猎和吸收，对于提高我们的审美能力大有帮助。

本章分类优选了部分优秀的表现作品，供读者欣赏和临摹，希望能对大家手绘水平的提高有所帮助。

5.1 机器人类

此节为大家提供了一些以机器人为题材的表现图，供大家学习参考。（图 5-1 ～图 5-17）

图 5-1　以机器人为题材的表现图（1）

图 5-2　以机器人为题材的表现图（2）

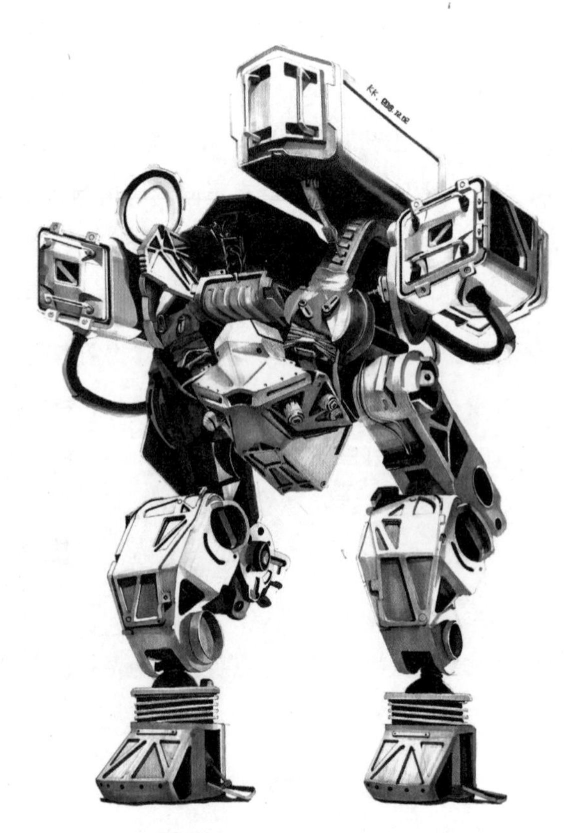

图 5-3　以机器人为题材的表现图（3）

图 5-4　以机器人为题材的表现图（4）

图 5-5　以机器人为题材的表现图（5）

图 5-6　以机器人为题材的表现图（6）

图 5-7　以机器人为题材的表现图（7）

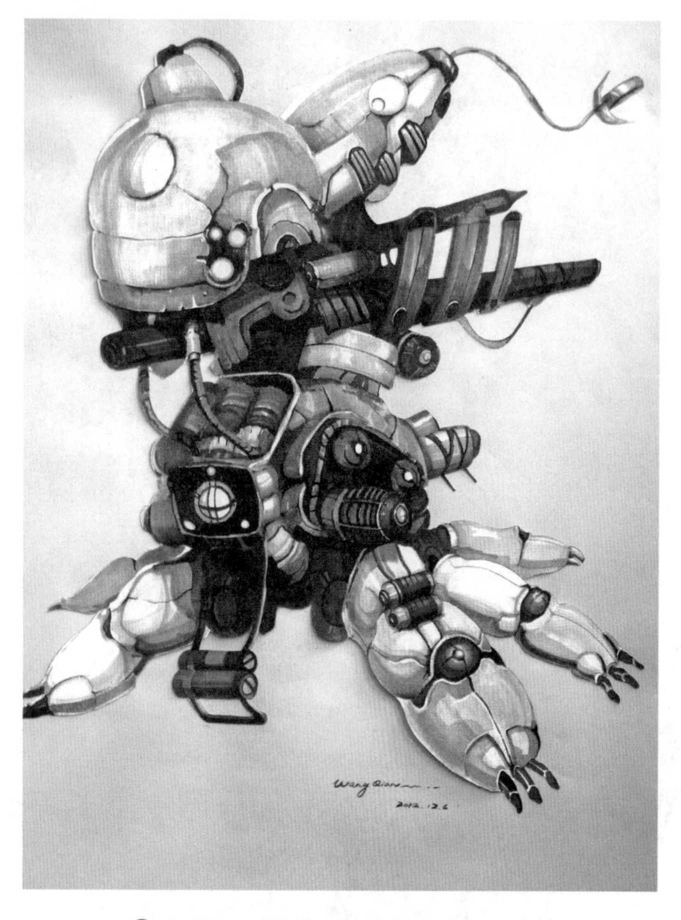

图 5-8　以机器人为题材的表现图（8）

图 5-9　以机器人为题材的表现图（9）

图 5-10　以机器人为题材的表现图（10）

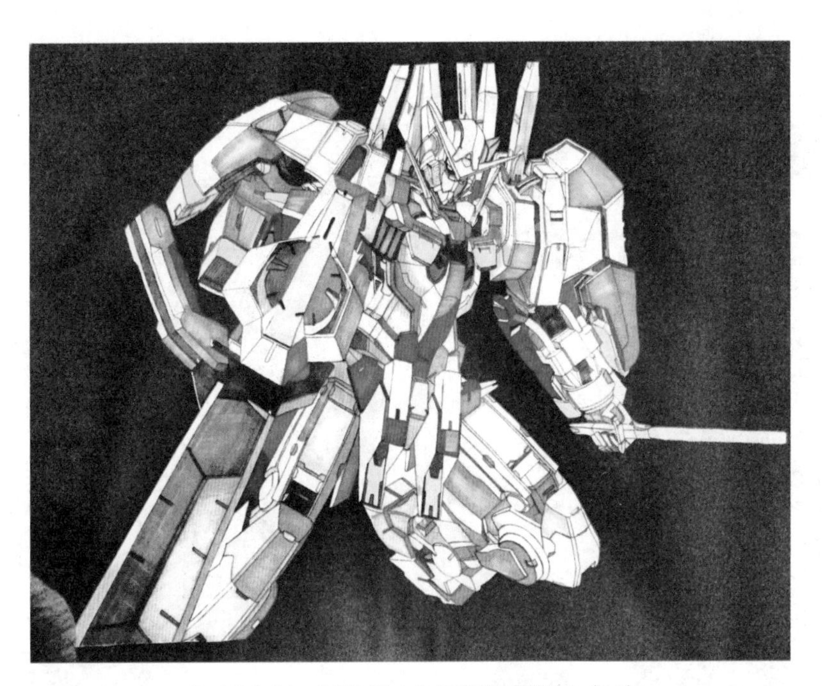

图 5-11　以机器人为题材的表现图（11）

图 5-12　以机器人为题材的表现图（12）

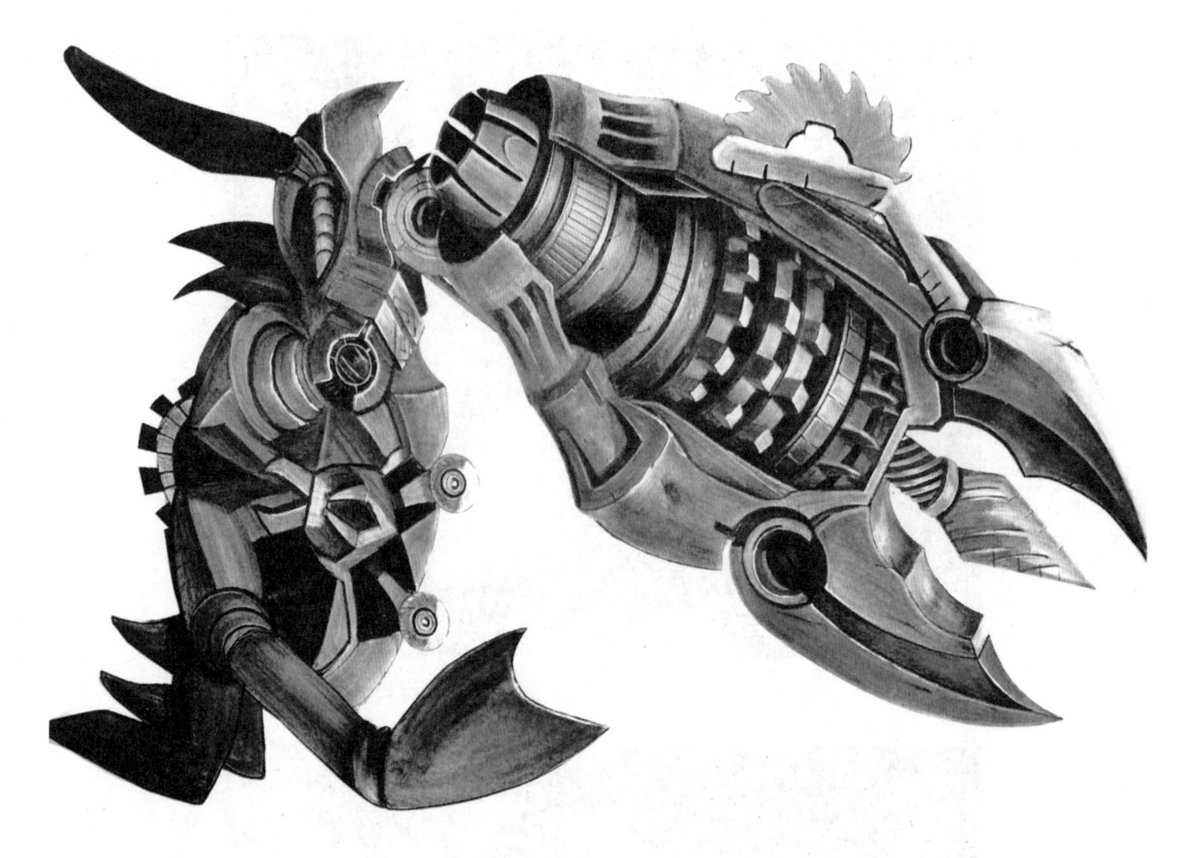

图 5-13　以机器人为题材的表现图（13）

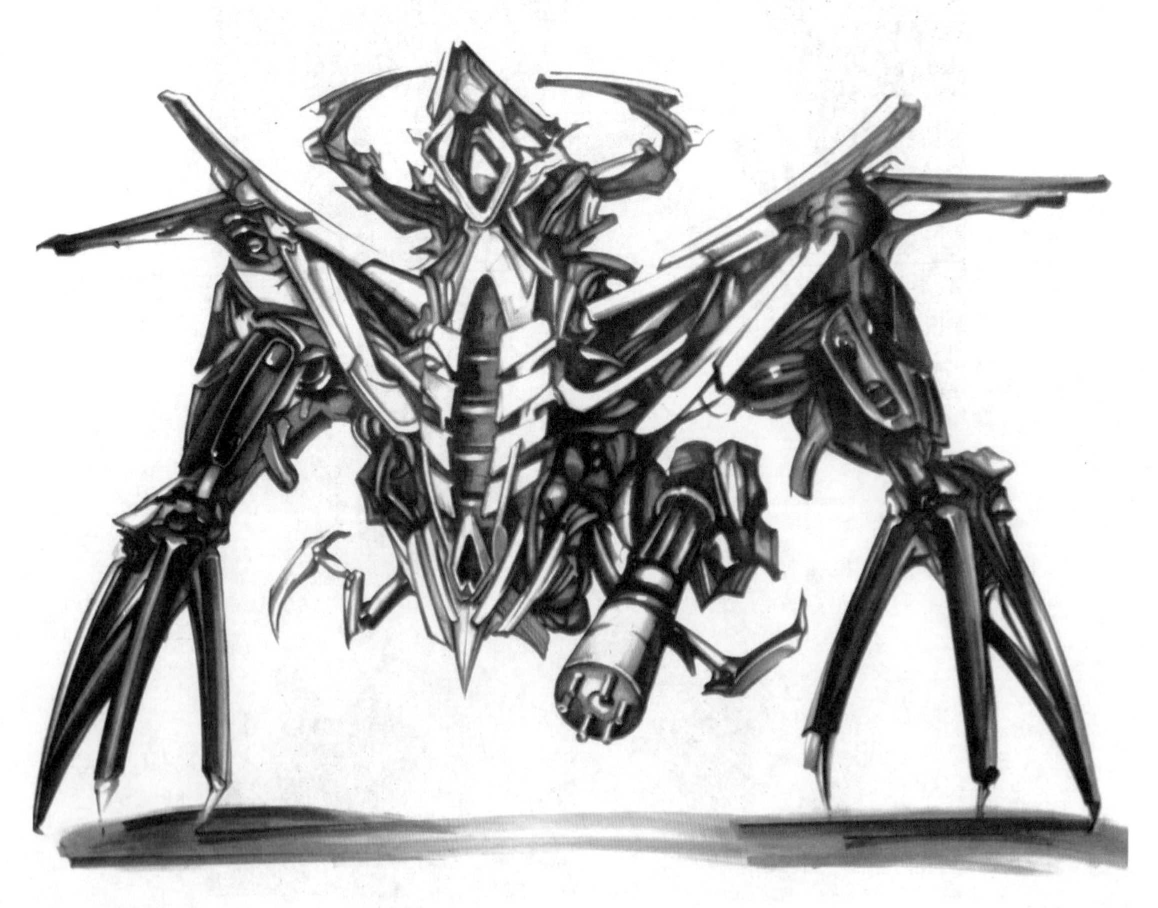

图 5-14　以机器人为题材的表现图（14）

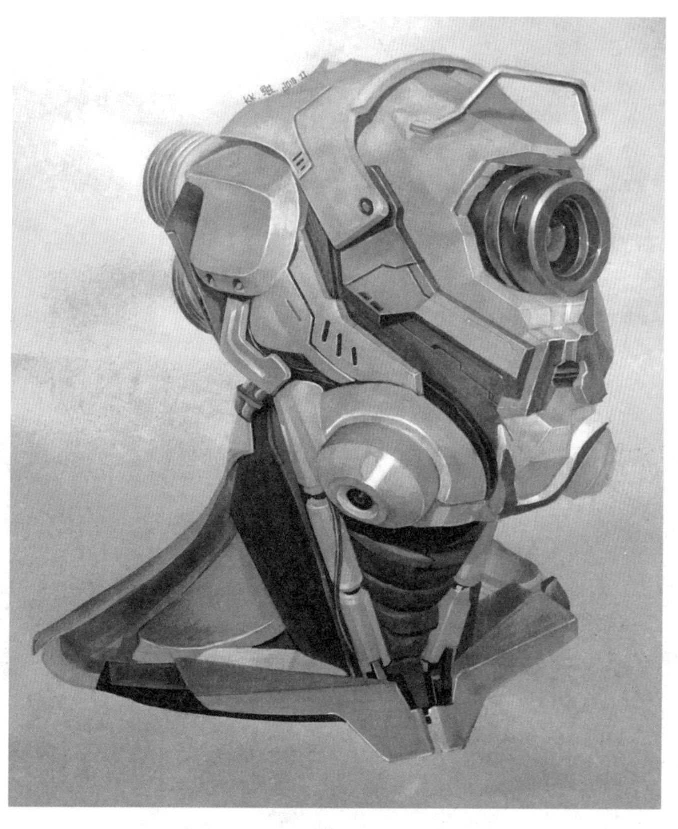

图 5-15 以机器人为题材的表现图（15）

图 5-16 以机器人为题材的表现图（16）

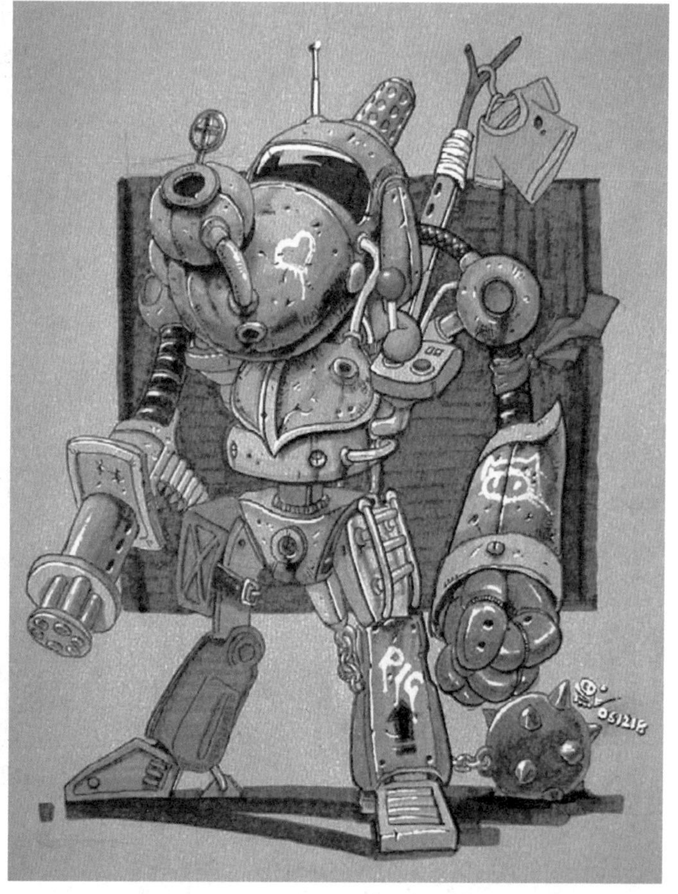

图 5-17 以机器人为题材的表现图（17）

5.2 交通工具类

此节为大家提供了一些以交通工具为题材的表现图供大家学习参考，包括坦克、摩托车、潜水艇、赛车和运输车等大型产品，如图 5-18 ～图 5-29 所示。

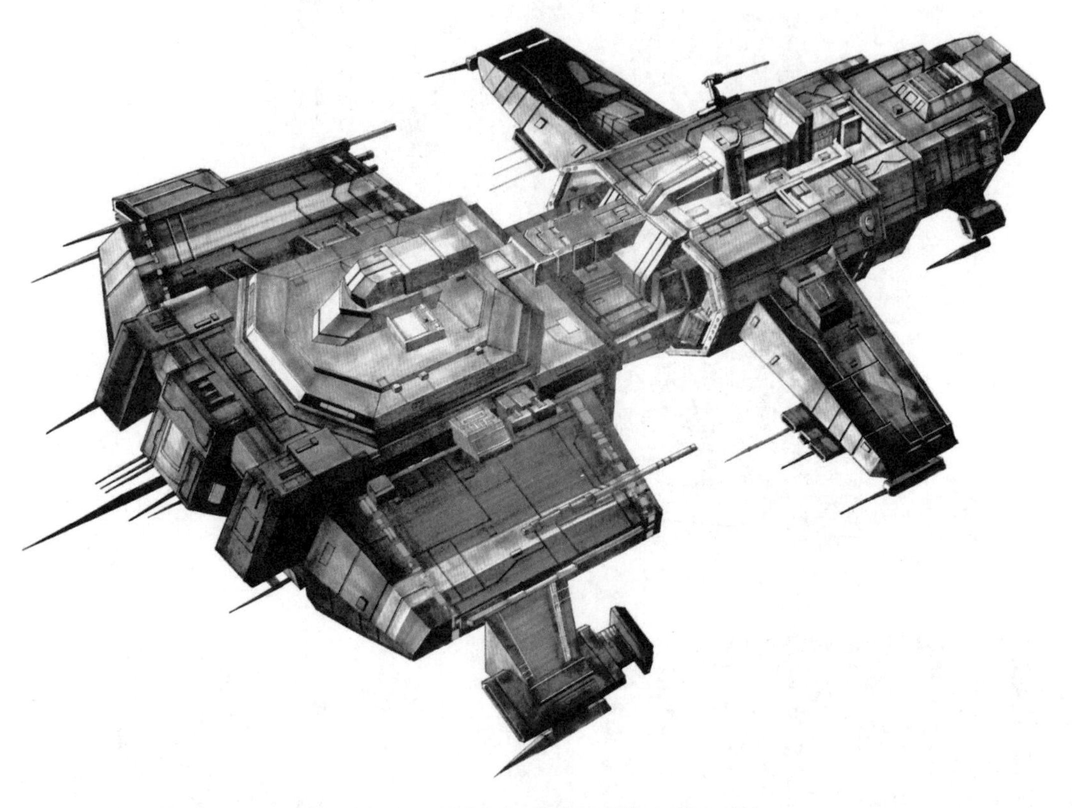

图 5-18　以交通工具为题材的表现图（1）

图 5-19　以交通工具为题材的表现图（2）

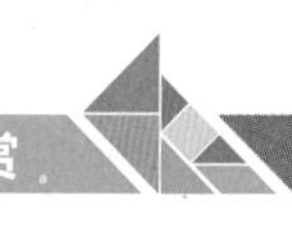

图 5-20　以交通工具为题材的表现图（3）

图 5-21　以交通工具为题材的表现图（4）

图 5-22　以交通工具为题材的表现图（5）

图 5-23　以交通工具为题材的表现图（6）

图 5-24　以交通工具为题材的表现图（7）

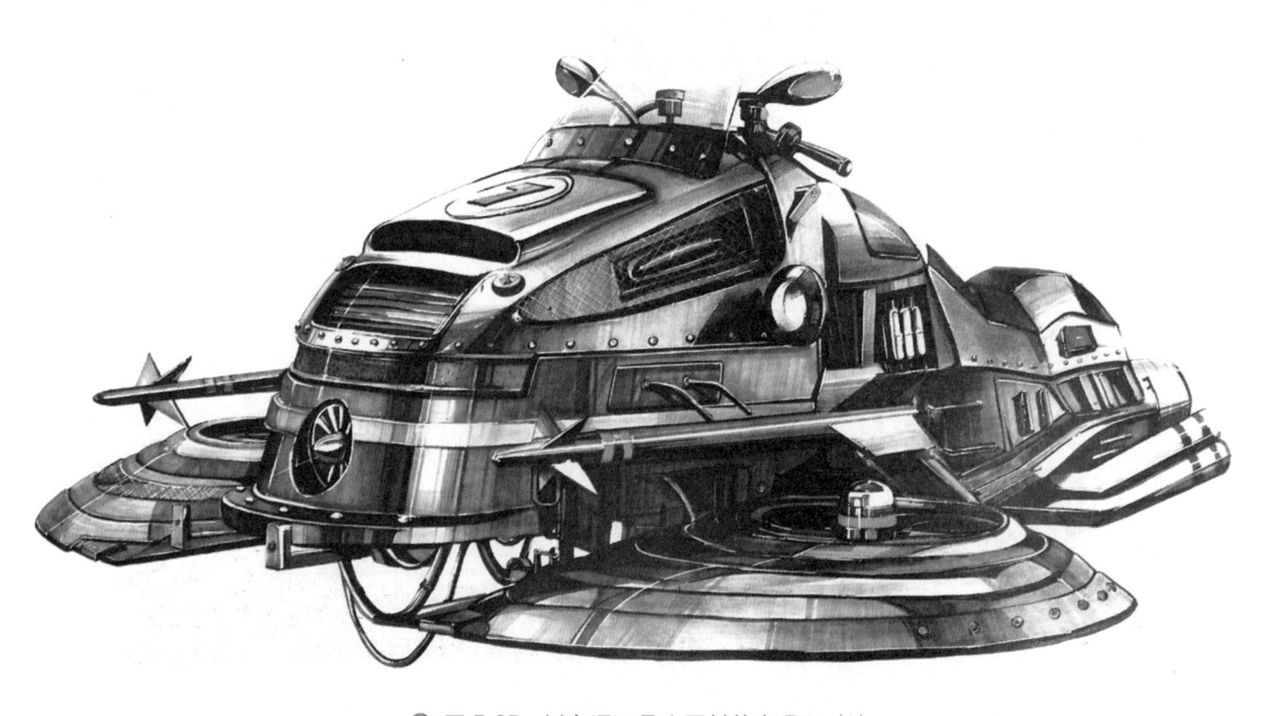

图 5-25　以交通工具为题材的表现图（8）

图 5-26　以交通工具为题材的表现图（9）

图 5-27　以交通工具为题材的表现图（10）

图 5-28　以交通工具为题材的表现图（11）

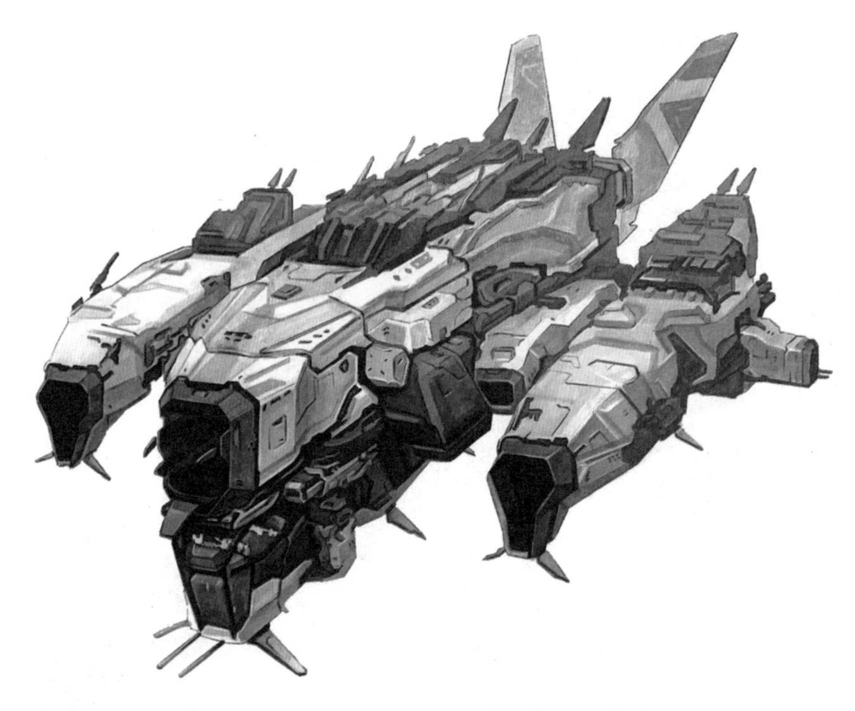

图 5-29　以交通工具为题材的表现图（12）

5.3 兵　器　类

此节为大家提供了一些以兵器为题材的表现图供大家学习参考。兵器类产品手绘大多细节丰富，以灰色为主色调，如图 5-30 ～图 5-35 所示。

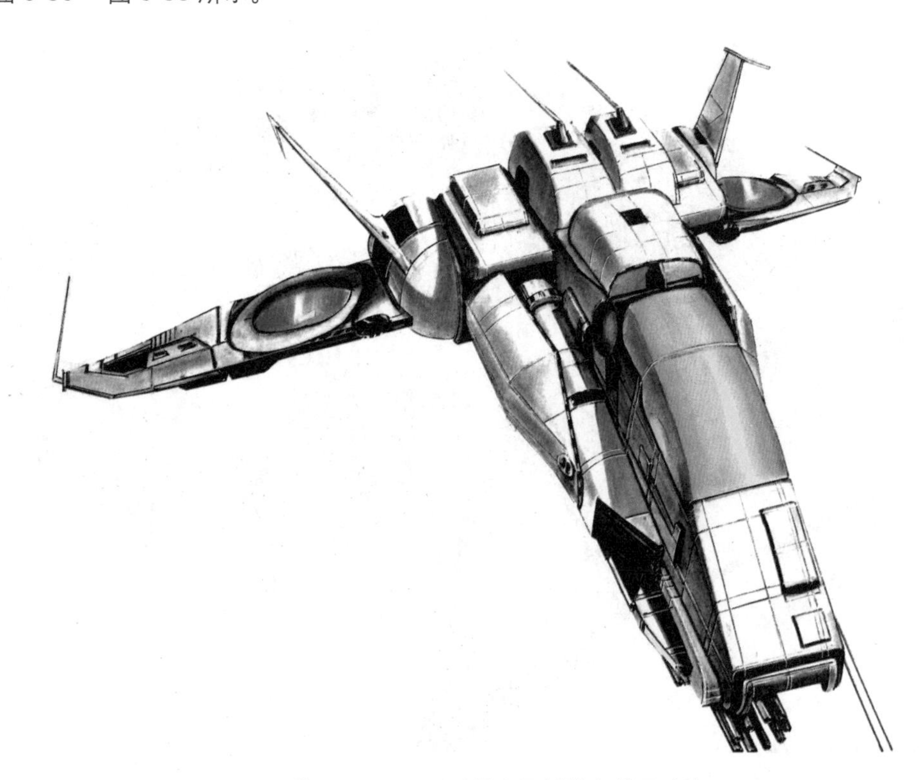

图 5-30　以兵器为题材的表现图（1）

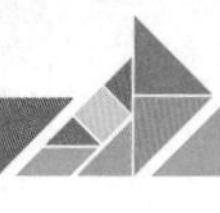

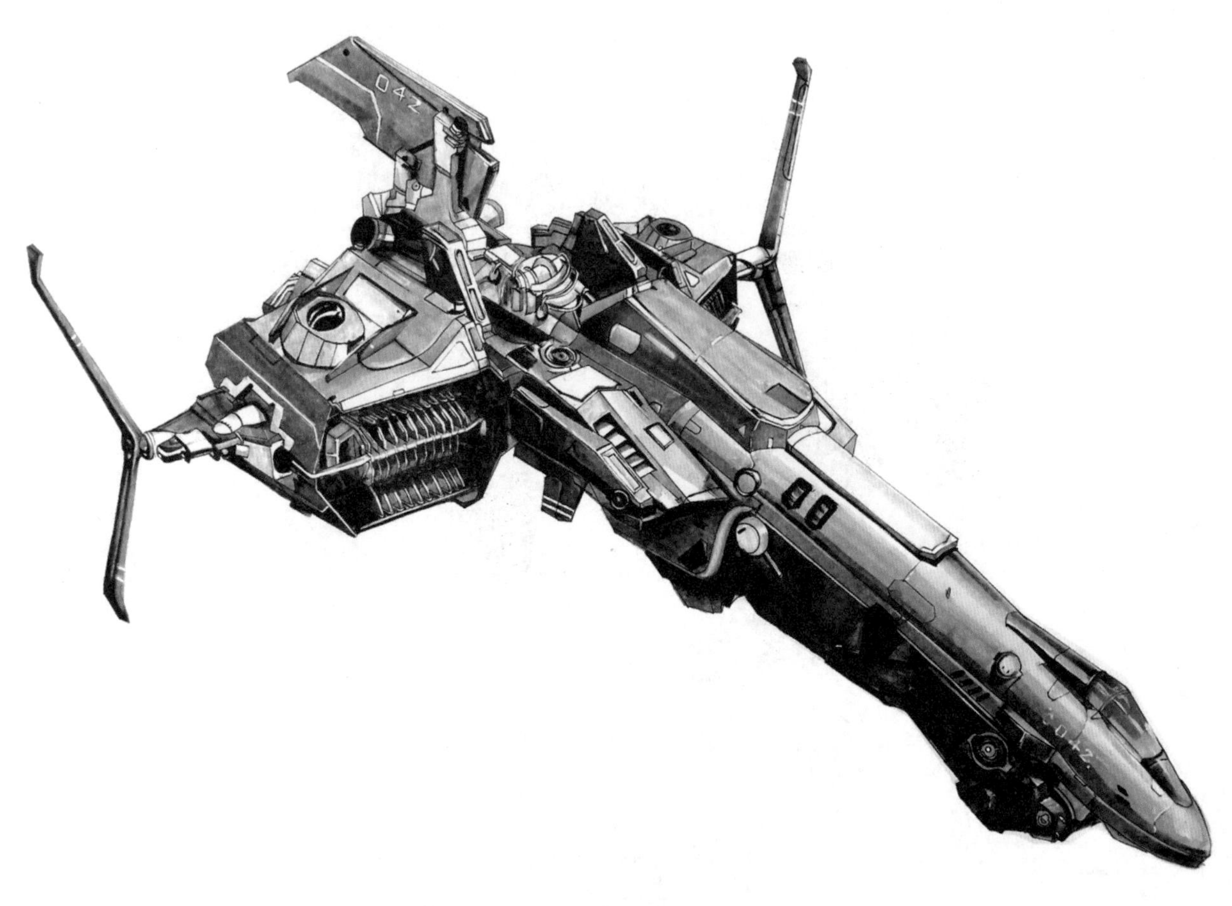

图 5-31　以兵器为题材的表现图（2）

图 5-32　以兵器为题材的表现图（3）

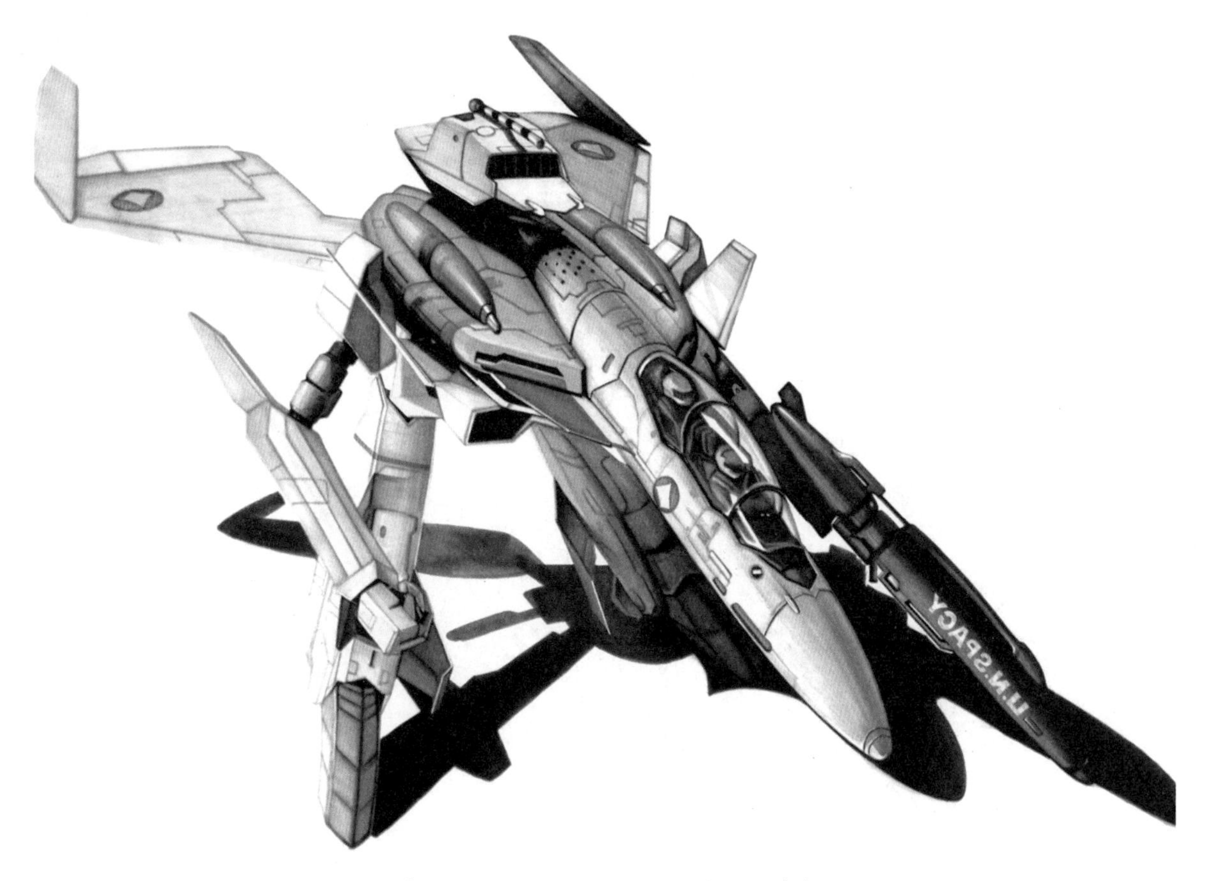

图 5-33　以兵器为题材的表现图（4）

图 5-34　以兵器为题材的表现图（5）

图 5-35　以兵器为题材的表现图（6）

5.4 仿 生 类

此节为大家提供了一些以仿生类为题材的表现图，如图 5-36 ～图 5-46 所示。仿生类产品手绘是通过对某种生物结构和形态进行一定程度上的模仿而创作出来的，有兴趣的读者也可以尝试自己设计一些类似的创新形态的设计。

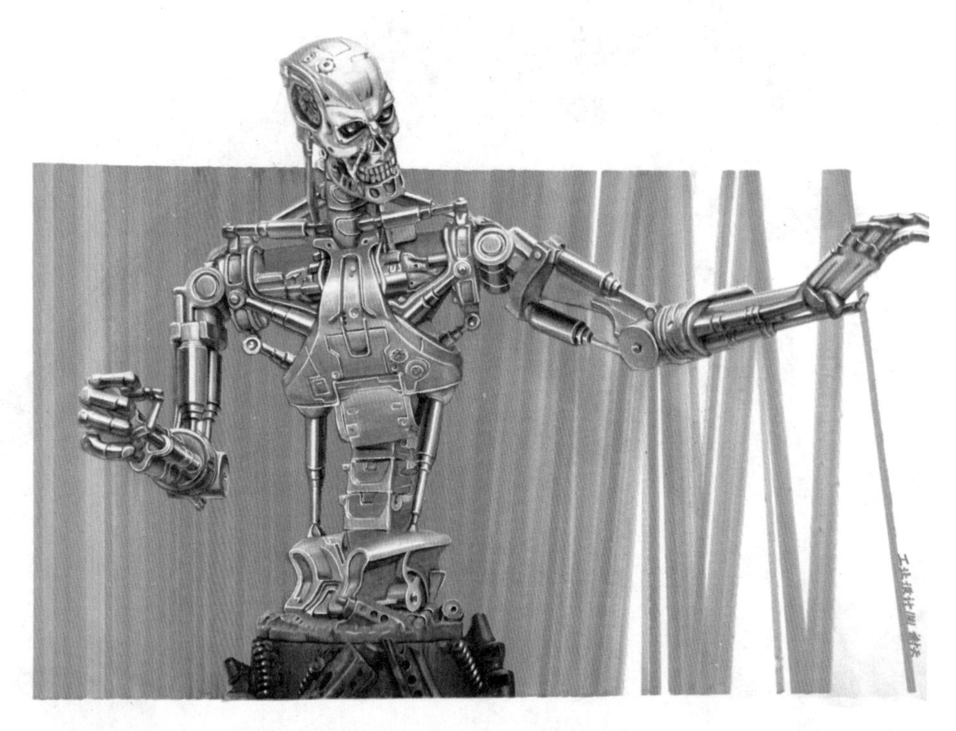

图 5-36 以仿生类为题材的表现图（1）

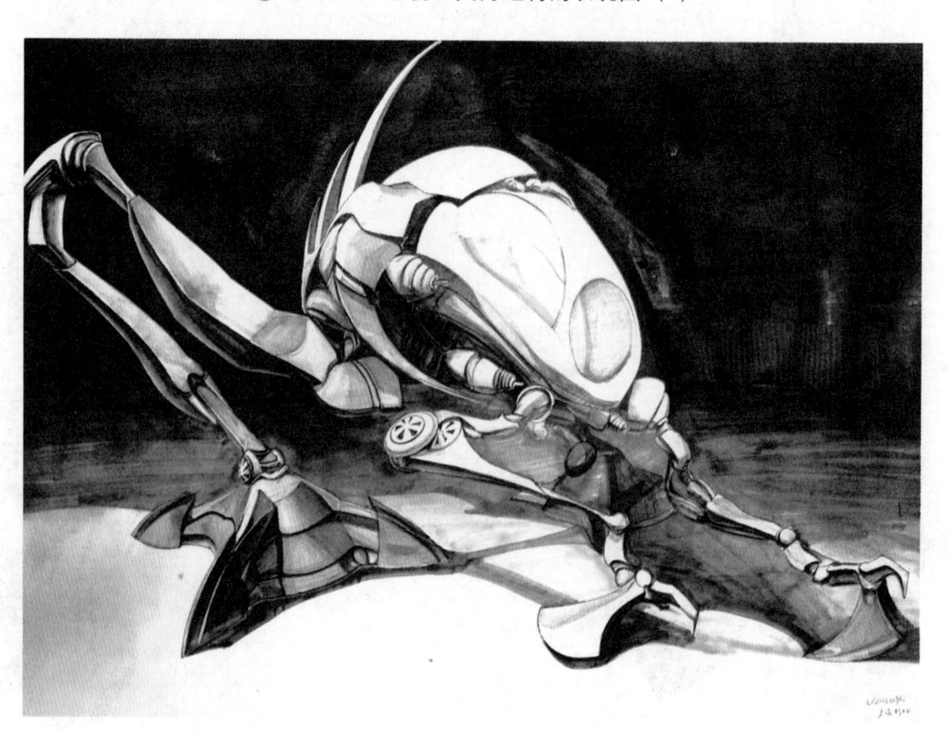

图 5-37 以仿生类为题材的表现图（2）

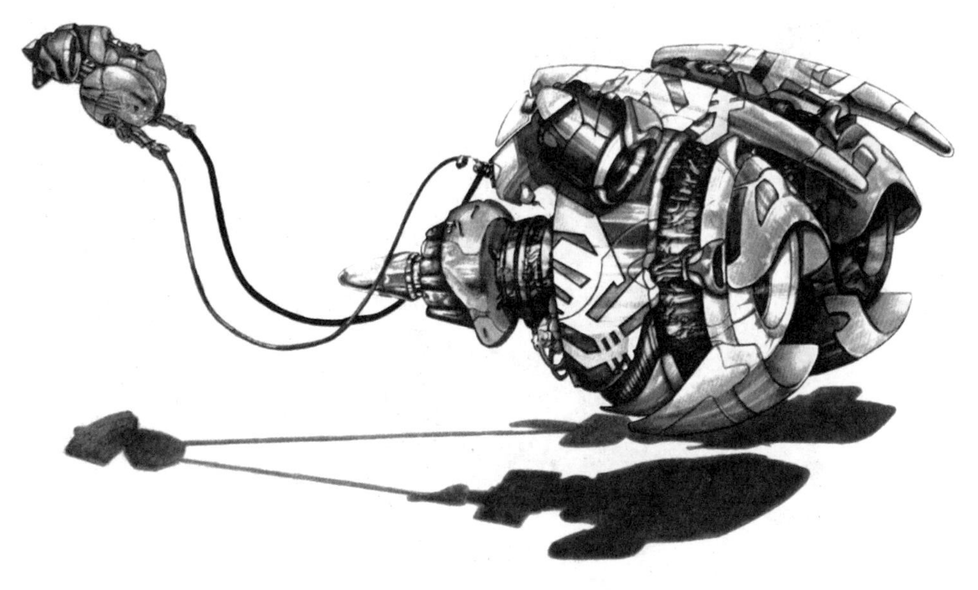

图 5-38　以仿生类为题材的表现图（3）

图 5-39　以仿生类为题材的表现图（4）

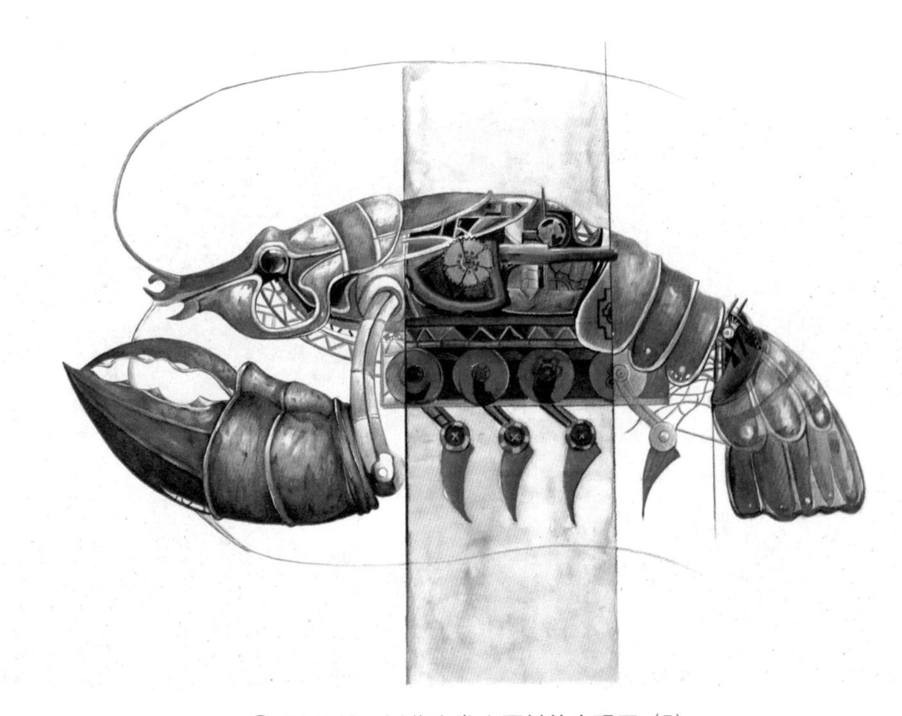

图 5-40　以仿生类为题材的表现图（5）

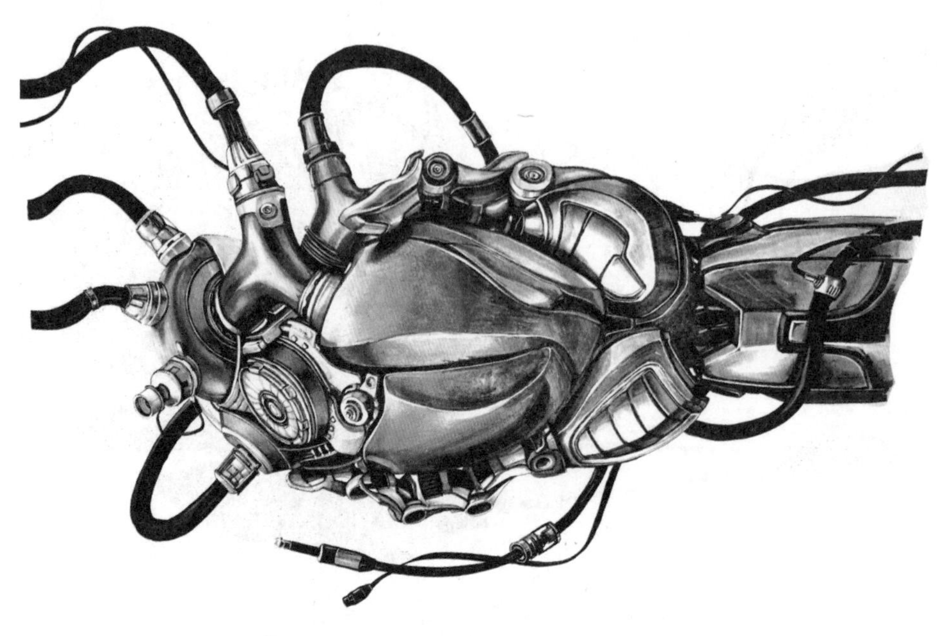

图 5-41 以仿生类为题材的表现图（6）

图 5-42 以仿生类为题材的表现图（7）

图 5-43 以仿生类为题材的表现图（8）

图 5-44　以仿生类为题材的表现图（9）

图 5-45　以仿生类为题材的表现图（10）

图 5-46　以仿生类为题材的表现图（11）

参 考 文 献

[1] 文健，王强，章瑾 . 产品设计手绘表现技法教程 [M]. 北京：北京交通大学出版社，2017.

[2] 张龙翔 . 产品设计手绘表现技法 [M]. 镇江：江苏大学出版社，2020.

[3] 李和森 . 产品设计手绘表现技法 [M]. 北京：北京大学出版社，2016.

[4] 安静斌 . 产品造型设计手绘效果图表现技法 [M]. 重庆：重庆大学出版社，2017.

[5] 汪海溟，寇开元 . 产品设计效果图手绘表现技法 [M]. 北京：清华大学出版社，2018.

[6] 郑志恒 . 产品设计手绘表现技法 [M]. 北京：化学工业出版社，2020.

[7] 崔因，刘家兴，朱琳 . 产品设计手绘技法快速入门 [M]. 北京：化学工业出版社，2019.

[8] 蒲大圣，宋杨，刘旭 . 产品设计手绘表现技法 [M]. 北京：清华大学出版社，2012.

[9] 熊莎 . 产品设计手绘表现技法 [M]. 武汉：华中科技大学出版社，2019.

[10] 蔡雯，曹小琴，袁媚 . 产品设计手绘表现技法 [M]. 合肥：合肥工业大学出版社，2016.

[11] 李梁军，黄朝晖 . 快题设计与表达 [M]. 武汉：湖北美术出版社，2019.

[12] 马蒂亚斯 • 舍恩赫尔 . 产品数字手绘综合表现技法 [M]. 张博，等译 . 北京：中国青年出版社，2018.

后　记

产品设计手绘表现技法作为工业设计专业的基础必修课程。如何在有限的时间内快速提升手绘能力，是诸多工业设计专业学生不懈追求的目标之一。为了让广大学习者能通过实际环节的强化训练提高手绘技能，本书在最后一章提供了大量手绘效果图作品，可供读者临摹使用。

在编写过程中，本书有幸得到了各界同仁的关心和支持。华中科技大学工业设计系的研究生王覃、梁好、刘顺、徐啸、李昊达，湖北美术学院的研究生韩尚瑾和胡清雅等同学直接参与了该书的编辑与撰写工作。两校的同学们也为本书提供了不少的手绘作品，他们是陈幸、刘子宁、胡晶晶、钱智豪、龙欣、王泳泓、林雪纯、冯哲欣、胡云翥、刘流洲、徐聪、岳金梦、胡成昊、梁彦珂、李小琳、周泊雨、周娜、王茜、王思婧、何星、李和臻、袁苗苗、梁彦珂、邓晓雨、鲍珂雨、裴敬盼、王萱、郑冰清、朱亚文、蔡子系、陈青、叶佳、石子涵、马文丽、盛芹芹、吴舒舒、谭垚鑫、肖男、张爱玲、杨伟光、舒颖、徐忻然、廖明玉、宋思颖、吕春贺、邓妍、易佳伟等，在此对他们一并表示感谢！由于篇幅、能力的局限，书中疏漏之处在所难免，敬请读者指正。

此外，特别感谢东风汽车有限公司的肖鸣设计师，他不仅为本书提供了手绘效果图，还参与了本书的部分编撰工作，并提出了宝贵的意见。

编　者

2021 年 9 月于武汉

系列丛书

设计基础类

艺术设计概论（第2版）
设计素描
设计色彩
平面构成
色彩构成
立体构成
构成基础
图案设计
风景写生
速写艺术
摄影基础
艺术鉴赏
设计心理学

视觉传达设计类

CorelDRAW 基础及应用教程
Photoshop 设计基础
图形创意
图形设计
广告设计
广告策划
商业摄影
网络广告设计
现代展示设计
品牌形象设计
书籍装帧设计
海报设计
版式设计
二维设计基础
VI 设计
界面设计
包装设计
插画设计
字体设计
空间导向设计

环境设计类

环境设计概论
建筑设计初步
建筑模型制作教程
透视学
建筑制图
小型建筑设计
装饰材料与构造
软装艺术设计
家具与陈设艺术设计
展示设计（第2版）
展示设计案例教程
办公空间设计（第2版）
商业空间设计（第2版）
酒店空间设计
居住空间设计
居住空间设计实例教程
室内设计概论（第2版）
景观设计制图
室内设计与手绘表现
景观手绘效果图表现技法
园林景观设计基础
景观设计
景观设计案例教程
公共设施与环境艺术小品设计
3ds Max 与 V-Ray 室内外效果图实例教程
SketchUp 建筑室内外设计表达

工业产品设计类

工业造型设计原理
产品设计
产品设计手绘表现技法
陶瓷产品设计
文化创意产品设计
人机工程学
产品设计程序与方法
产品设计手绘表现
产品设计材料与工艺
Rhino & KeyShot 产品设计表达
珠宝设计

动漫设计类

动漫基础
动漫造型设计基础
动画概论
动画运动规律与时间掌握（第2版）
动画视听语言
动画场景设计（第2版）
动画短片制作
动画分镜头设计
游戏原画设计
漫画技法与绘本编绘
CG 动漫插画设计
Flash 动画制作
3ds Max 游戏场景制作
影视动画后期合成
动画分镜头绘制技法（第3版）

数字媒体类

数字媒体艺术概论
交互设计概论
After Effects 影视特效制作
Premiere 影视编辑技术
数字影像视听语言

服装设计类

服装工业制版
服饰品创新设计
服装工业管理
服装工艺学
服装 CAD
服装设计
服装效果图表现

总 主 编　邱　裕
装帧设计　天齐设计工程集团有限公司

清华大学出版社

官方微信号

定价：69.00元

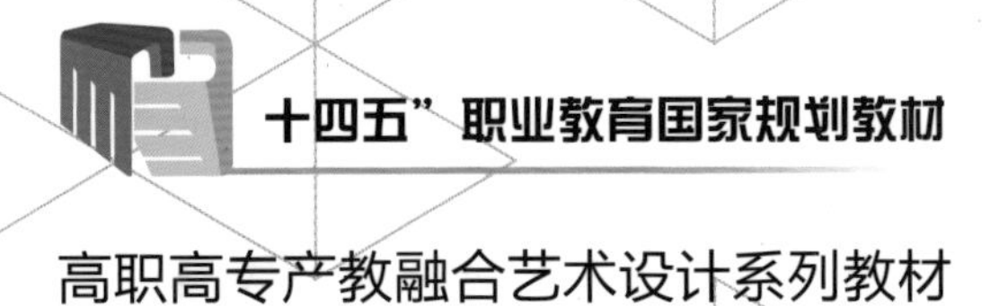

高职高专产教融合艺术设计系列教材

动画运动规律（第2版）

张贵明／编著

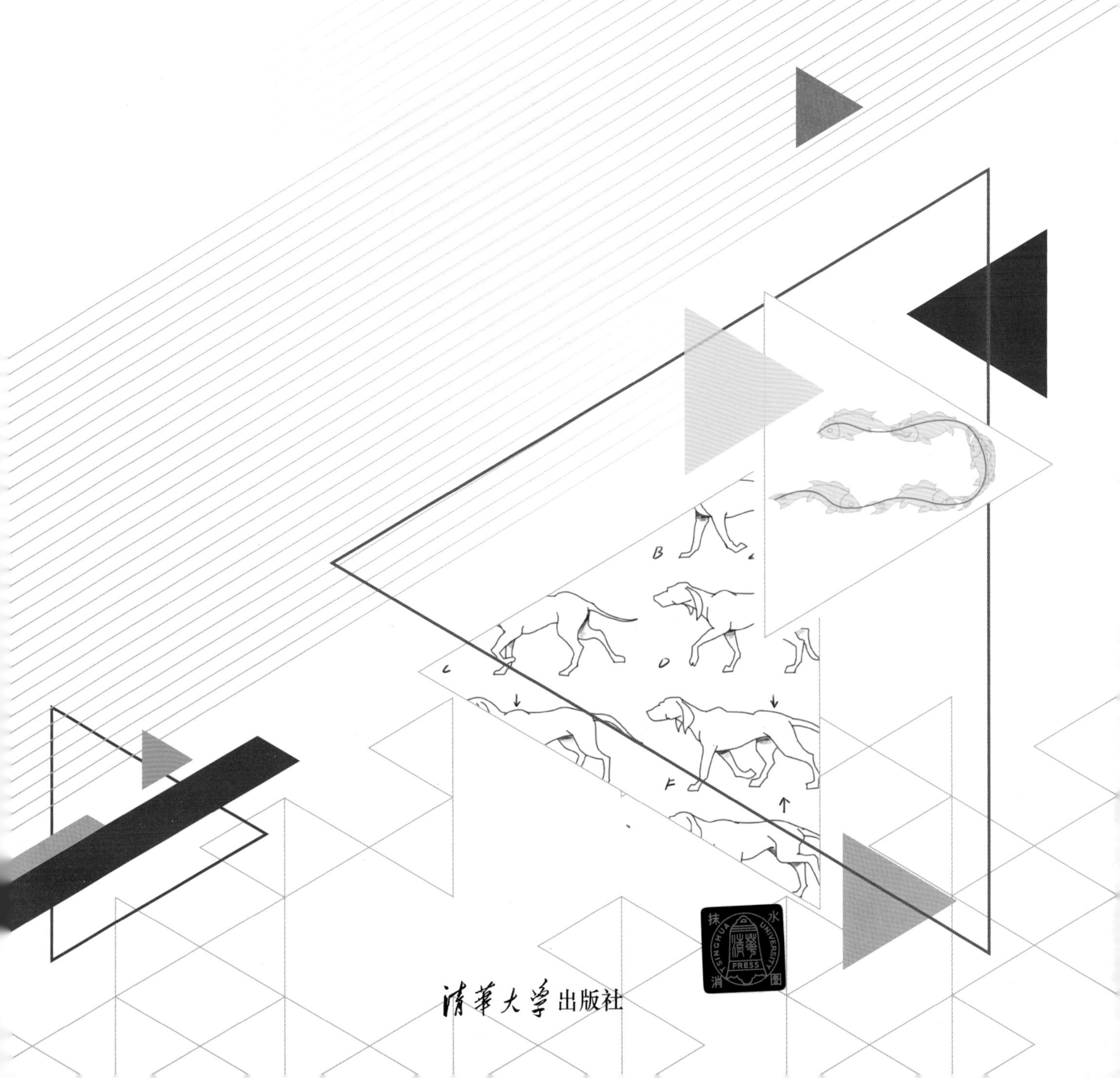

清華大学出版社